Künstliche Intelligenz, Robotik und Big Data in der Medizin

Ralf Huss

Künstliche Intelligenz, Robotik und Big Data in der Medizin

 Springer

Ralf Huss
Definiens AG, München
Deutschland

ISBN 978-3-662-58150-6   ISBN 978-3-662-58151-3   (eBook)
https://doi.org/10.1007/978-3-662-58151-3

Die Deutsche Nationalbibliothek verzeichnet diese Publikation in der Deutschen National-
bibliografie; detaillierte bibliografische Daten sind im Internet über http://dnb.d-nb.de
abrufbar.

Umschlaggestaltung: deblik Berlin
Fotonachweis Umschlag: © Bondyman Adobe Stock

Springer ist ein Imprint der eingetragenen Gesellschaft Springer-Verlag GmbH, DE und ist
ein Teil von Springer Nature
Die Anschrift der Gesellschaft ist: Heidelberger Platz 3, 14197 Berlin, Germany

Für Hannah und Paul

Vorwort

Es ist unbestritten: Die Zeiten ändern sich und zwar schnell. Sicherlich nehme ich auch Geschwindigkeit und Veränderung im fortgeschrittenen Alter anders wahr. Aber ich denke, dass ich meine Lektionen im Laufe meiner Ausbildungen und unterschiedlichen Tätigkeiten in der medizinischen Praxis und in der Gesundheitsindustrie – wenn auch sicherlich schrittweise – gelernt habe.

Während meines Studiums habe ich hin und wieder Nachtwachen auf der Kinderintensivstation meiner Universitätsklinik gemacht. Ich erinnere mich, dass eines Nachts ein Säugling mit einer Trisomie 21 (Down-Syndrom) aus der Chirurgischen Klinik zurück auf unsere Intensivstation verlegt wurde. Das Kind war natürlich winzig und hing an vielen Schläuchen und Drähten. Bei einem solchen Syndrom kommen schon bei der Geburt häufiger Herzfehler vor, und diese waren in der Nacht teilweise operativ korrigiert worden. Zwar betroffen, aber sicherlich unendlich naiv, habe ich den diensthabenden Oberarzt gefragt, warum man diesen Eingriff diesem Kind und seiner Familie überhaupt antut. In dieser Nacht habe ich die sicherlich heftigste Lektion über ärztliche und menschliche Ethik gelernt. Ich war froh, dass mich der Oberarzt in seiner verständlichen Wut nicht von der Station geschmissen hat und ich sogar in der nächsten Nacht wiederkommen durfte.

Bei Professor Walter Siegenthaler, dem damaligen „Spiritus rector" der Inneren Medizin in der Schweiz und Europa, war die Lernkurve eine andere. Hier wurde „affektiv" gelernt, d. h. die Vorbereitung auf die gefürchtete Chefvisite bzw. den Morgenappell in der Poliklinik hat uns gezwungen, alles über den uns anvertrauten Patienten zu wissen, sonst traf uns der „Affekt" des Chefs oder einer seiner leitenden Ärzte. Besonders gefürchtet war der Kardiologe Professor Krayenbühl, bei dem ich fast „aus Versehen" die richtige Diagnose einer seltenen und schwierigen EKG-Veränderung gestellt habe. Auch das wurde vom Experten nicht gerne gesehen.

Allerdings gab es auch tragische Geschichten, die sich tief in meinen Erinnerungsspeicher eingegraben haben: Während eines Nachtdiensts kam ein Patient mit einer fulminanten Malaria tropica in die Poliklinik. Ich habe einen Menschen noch nie so schwitzen gesehen und trotz sofort eingeleiteter intensivmedizinischer Maßnahmen durch den damaligen internistischen Oberarzt, Prof. Oswald „Bulle" Oelz ist der Patient leider noch in derselben Nacht im Nieren- und allgemeinen Organversagen verstorben. Oder einer der ersten AIDS-Patienten in Europa, ein recht junger heterosexueller Mann, der an einer seltenen und erst spät diagnostizierten Infektionskrankheit verstarb.

In den USA habe ich dann eine völlig andere Art der Medizin kennengelernt: Diese war schon viel mehr auf Algorithmen und Handlungsanweisungen ausgerichtet. Die amerikanischen Lehrbücher der Medizin waren weniger eine Art „Differenzialdiagnose", wie das Werk von Walter Siegenthaler und Mitautoren, sondern eher ein Kompendium von schrittweisen Anleitungen zur Klärung von Symptomen und weiteren diagnostischen und therapeutischen Konsequenzen. Während wir in Europa noch sehr stolz auf unsere Medizinkunst und Empirie waren, sammelten die Amerikaner schon Beweise (Evidenz) für Erfolg versprechende Therapien und solche, die wohl eher keinen Erfolg bei einer bestimmten Erkrankung versprechen werden.

Wir Ärzte leben auch zumeist noch von dem Gelernten, den gesammelten Erfahrungen im Laufe unseres Arztseins. Je mehr man sieht und erfährt, umso größer wird der persönliche Arbeits- und Erfahrungsspeicher. Ein Pathologe wird auch zum Speicher des schon einmal „Gesehenen" oder zumindest kennt man das Buchkapitel, in dem etwas über die vermutete Diagnose stehen könnte. Hinzu kommt auch eine gehörige Portion „Intuition". Nun gibt es auch sehr seltene, noch nicht dagewesene Krankheitsbilder, an die man keine Erinnerung hat oder die man einfach noch nicht erfahren konnte.

Aber warum überhaupt dieses Buch? Dieses Buch ist wahrscheinlich in Teilen schon veraltet bzw. nicht mehr auf dem allerneuesten Stand, sobald Sie es in den Händen halten. Die neuesten Informationen erhalten Sie sowieso aus dem Internet, vorsortiert durch Künstliche-Intelligenz-Algorithmen (KI-Algorithmen) aus den stetig wachsenden Datenräumen, die in viel kürzeren Zeiträumen aktualisiert werden, als man es in einem Buch kann. Dieses Buch kann auch nicht vollständig sein, weckt aber vielleicht Ihr Interesse und schafft Perspektiven. Zumindest wissen Sie, wer es geschrieben und verlegt hat.

Eine Motivation war vielleicht auch, dass mir die moderne Apparatemedizin einschließlich Roboter zusammen mit ärztlicher Intuition schon ein paar Mal das Leben gerettet bzw. mich am Leben erhalten hat.

Einige Kapitel in diesem Buch überlappen sich im Hinblick auf ihre Themen und Inhalte, beleuchten diese aber möglicherweise von verschiedenen Gesichtspunkten, z. B. aus rein technologischer, medizinischer, aber auch sozialer und ethischer bzw. rechtlicher Sicht.

In einigen Kapiteln lasse ich Protagonisten auftreten bzw. sprechen: Persönlich und individuell und meist bezogen auf bestimmte Krankheiten. Denn Studien haben gezeigt, dass abstrakte Betrachtungen von „Nicht-Betroffenen" andere Ergebnisse zeigen als wenn Empathie und Betroffenheit geweckt wird. So ist die Organtransplantation ein Beispiel dafür: Es ist leichter, ethisch-religiöse und moralische Gründen für eine Ablehnung anzuführen, solange man nicht selbst oder einer der Liebsten betroffen ist. Das gilt auch für eine

Künstliche Intelligenz (KI) und „Big Data": Es ist leicht auf der persönlichen Privatsphäre (trotz Facebook- und Instagram-Account) zu bestehen, wenn man selbst oder die Familie nicht von dem versteckten Wissen in den großen Datenmengen profitiert.

An dieser Stelle danke ich meiner Familie, Kollegen und Freunden für viele Gespräche, auch wenn ihnen nicht immer klar war, woher die Motivation für all meine Fragen kam. Ich danke meinen menschlichen und ärztlichen Mentoren und Unterstützern, die ich im Laufe meines bisherigen Lebens hatte: Henner Altenkämper, Harald Heisler, Joachim Deeg, Corinna Tröger und vielen anderen.

Dankbar muss ich wohl auch all denen sein, die mir klar vor Augen geführt haben, dass sie nicht meine Freunde und Unterstützer sind und kein Interesse an mir als Mensch, Freund und Kollege haben. Die Gründe dafür sind vielfältig und aus ihrer Sicht auch legitim. Meist sind diese Lektionen sogar noch wertvoller, auch wenn sie allen Beteiligten mehr Energie kosten.

Nicht jeder will die Welt verbessern oder ein kleines Stück voranbringen, vielleicht auch deshalb, weil man Angst hat, selbst wieder ein kleines Stück zurückzubleiben. Sich auf das Neue einzulassen ist für jeden von uns nicht einfach, aber von den neuen Entwicklungen der Medizin profitieren wir hoffentlich alle irgendwie. Trotzdem klingen Künstliche Intelligenz, „Big Data" und Roboter zunächst bedrohlich. Die Sorge von vielen, noch mehr fremdbestimmt zu sein, nimmt zu.

Dieses Buch soll etwas dazu beitragen, in erster Linie dem Laien die neuen Entwicklungen näher zu bringen, vielleicht verständlicher zu machen und offen dafür zu sein. Denn vielleicht gelingt es in der Tat, durch die hier beschriebenen Entwicklungen das klassische Arzt-Patient-Verhältnis wieder zu intensivieren und ihm eine neue Qualität zu geben. Denn KI, „Big Data" und Roboter geben dem Arzt und dem Patienten hoffentlich wieder die Freiheit, die sich alle wünschen. Hinzu kommen eine Qualität und Sicherheit im Umgang mit Informationen, die es so noch nie gab.

Dieses Buch ist für interessierte Laien geschrieben und nicht für Experten in diesem Feld. Es soll aufzeigen, was im Moment möglich ist und in der Zukunft möglich sein wird, obwohl auch mir sehr wahrscheinlich die Fantasie fehlt all das zu erahnen und zu erdenken, was die Zukunft in diesem Bereich bringen wird. Das Buch kann das Thema nicht annähernd erschöpfend und ausreichend beleuchten, da jedes Kapitel für sich ansonsten schon in zahlreichen eigenen Lehrbüchern betrachtet und abgehandelt wird. Das Buch kann und will allenfalls einen Anstoß geben, sich bei weitergehendem Interesse tiefer in das gesamte Gebiet oder einige Teilbereiche einzuarbeiten oder sich damit zu beschäftigen.

Besonders KI ist zurzeit „sexy" und allgegenwärtig und weckt daher unterschiedliche Gefühle aller Art – von technologischer Begeisterung und utopischen Zukunftsvisionen bis hin zu tiefen Ängsten und Furcht vor dem Unbekannten. Ähnliches gilt für das Erfassen von großen und häufig persönlichen Datenmengen und dem möglichen Missbrauch, sowie menschenähnlichen Robotern, die ähnlich wie Arnold Schwarzenegger in „Terminator" Amok laufen und von RoboCops und Transformern bekämpft werden.

Sind wir aber optimistisch, dass diese Technologien unter dem Strich uns als Menschen, Patienten und Ärzte bereichern werden. Aber jeder darf natürlich seine eigene Meinung dazu haben.

Ralf Huss

Inhaltsverzeichnis

Über den Autor

Herr Prof. Dr. med Dr. h.c. Ralf Huss
ist seit 2015 Chief Medial Officer bei der Definiens AG in München. Nach dem Studium der Medizin und Forschungsaufenthalten bzw. Kliniktätigkeiten in Zürich (Schweiz), Seattle (USA), Essen und München wechselte er 2005 als globaler Leiter für Pathologie und Gewebe-Biomarker zum Pharmaunternehmen Roche. Der Facharzt ist außerplanmäßiger Professor für Pathologie an der Ludwig-Maximilians-Universität München, Honorarprofessor für Systembiologie am University College in Dublin (Irland) und Lehrbeauftragter für Biomaterialien an der Fakultät für Chemie der Technischen Universität München. Diese Schnittstelle zwischen Forschung und Entwicklung und Klinik führte zur Idee für dieses Buch, um die Möglichkeiten und Herausforderungen einer Digitalisierung und Künstlichen Intelligenz mithilfe von „Big Data" in der Diagnostik, Therapie und Gesundheitsversorgung möglichst allgemein verständlich darzustellen.

Einleitung

Sophie weiß, worauf es ankommt. Die letzten Tage im Büro waren schon anstrengend genug, aber dieses ganz wichtige Projekt muss noch fertig werden. Allerdings hatte sie schon den ganzen Tag das Gefühl, als ob ein Schleier über ihren Augen liegt und das linke Ohr vermeldete jetzt auch ein Geräusch wie ein Wasserfall, allerdings noch in weiter Entfernung. Jetzt kamen tatsächlich zunehmende Kopfschmerzen hinzu, die sich genau über dieses linke Ohr vom Nacken in die Stirn und bis zum äußeren Augenwinkel zogen. Sophie checkte ihre Healthwatch am rechten Handgelenk. Danach lagen ihre aktuellen Gesundheitsdaten eigentlich im „Normbereich" und auch ihre Fitness war ideal. Dieses tragbare „Device" hatte trotz Bürostress genug körperliche Aktivität in den letzten Tagen und sogar heute Morgen dokumentiert, auch wenn längere Joggingrunden und die regelmäßigen Pilatesstunden im Moment ausfallen mussten. „Ok", dachte Sophie, „der Puls ist tatsächlich etwas hoch, aber eine Tasse Tee hilft bestimmt." Kaum wollte sie diesen Gedanken in die Tat umsetzen, meldete sich die „Healthwatch" mit einer „Rhythmuswarnung". BITTE DATENÜBERTRAGUNG GENEHMIGEN hieß es da auf dem Display. „Was für eine Datenübertragung?" murmelte Sophie fast lautlos in sich hinein, sodass die anderen Kollegen sie im Großraumbüro auf keinen Fall hören konnten. Trotzdem drückte Sophie auf den Button mit der Aufschrift MODE und unmittelbar darauf erschien die Erklärung für den stillen Alarm: UNREGELMÄSSIGE HERZAKTIVITÄT – BITTE DATENÜBERTRAGUNG AN DR. HILFREICH GENEHMIGEN. „Bestimmt ist das nichts" führte Sophie den Gedanken weiter, führte die digitale Anweisung aber trotzdem aus und lief in Richtung Teelounge. Fast hatte sie dieses elektronische Intermezzo schon wieder vergessen und war gedankenverloren an ihren Arbeitsplatz zurückgekehrt, als sich ihre SmartWatch meldete. PRAXIS DR. HILFREICH wurde nun angezeigt und Sophie entschied sich den Anruf doch entgegenzunehmen. Am anderen Ende war eine angenehme, ebenfalls weibliche Stimme, aber zweifellos war es doch ein Chatbot. Es war also eine elektronische Stimme, die Sophie sehr freundlich, aber bestimmt bat, um 18:30 Uhr in der Praxis vorbeizukommen. Dies sei laut Sophies Online-Kalender und dem üblichen Verkehrsstau um diese Zeit ohne Weiteres machbar und ein Parkplatz sei auch schon reserviert. Abschließend summte Fräulein Chatbot noch, dass dies nur eine Datenüberprüfung sei und man sich auf ihren Besuch in der Praxis freue.

Sophies Reaktion war verständlicherweise zwiespältig, denn zum einen wollte sie heute noch dieses Projekt fertigstellen und anschließend vielleicht endlich mal wieder ein Glas Wein mit ein paar Freunden genießen, auf der anderen Seite wollte sie auch Gewissheit, dass nichts Ernstes hinter dieser unregelmäßigen Herzaktivität steckte.

Pünktlich saß dann Sophie auch in ihrem eCar und das Smartphone verband sich wie immer direkt mit dem Kommunikationssystem im Auto. Die Stimme aus diesem System teilte ihr zuerst mit, dass der Lieferservice heute Nachmittag ihren Kühlschrank mit den fehlenden Produkten aufgefüllt hatte und es in der Wohnung während ihrer Abwesenheit keine besonderen Vorkommnisse gegeben hatte, bevor als Navigationsziel die Praxis von Dr. Hilfreich als nächster Stopp bestätigt wurde. Um 18:25 Uhr parkte der elektrogetriebene Wagen geräuschlos vor der Praxis auf dem tatsächlich reservierten Platz ein. „Herzlichen Willkommen, Sophie" wurde sie direkt am Eingang von einer Roboterdame begrüßt. „Bitte gehen Sie direkt in Zimmer 3. Dr. Hilfreich wartet schon auf Sie." „Wann hatte es das zuletzt gegeben" schmunzelte Sophie, „dass der Arzt auf den Patienten wartet und nicht umgekehrt." Tatsächlich empfing ein entspannt und freundlich lächelnder Arzt Mitte 50 die etwas jüngere Patientin und bat sie Platz zu nehmen. Dieses Sprechzimmer kannte Sophie noch nicht, aber es war wie die anderen hell und freundlich mit wenigen Möbeln und drei großen Computerbildschirmen eingerichtet: zwei auf dem Tisch, um den Dr. Hilfreich und Sophie Platz genommen hatten, und ein noch etwas größerer an der Wand. „Wie geht es Ihnen?" begann Dr. Hilfreich. „Eigentlich ganz gut", entgegnete Sophie, „nur etwas gestresst im Moment." „Möchten Sie darüber sprechen?" fragte Dr. Hilfreich nach, eigentlich im Stil eines Psychotherapeuten, der sich 45 min Zeit für ein Gespräch nimmt. „Ihre Daten zeigen das auf jeden Fall" fuhr er fort und zeigte auf den großen Bildschirm an der Wand. „Können Sie mir bitte Zugang zu Ihrem Datenfile geben, dann kann ich mehr sagen." Sophie gab ihm die eHealth Card und tippte auf ihrem Smartphone die entsprechende Freigabe-PIN ein. Aus der Cloud erschien nun ein Datenfile, der nochmals mittels eines persönlichen Passworts gesichert war. Die dort enthaltenen und über längere Zeit durch ihre App aufgezeichneten Daten zeigten u. a. einen gestörten REM-Schlaf, also den Schlaf, der für eine echte Erholung während der Nacht wichtig ist.

Dr. Hilfreich ordnete nun eine Blutentnahme an, um weitere Werte überprüfen zu können. Sophie hasste diese Prozedur, die inzwischen zumeist von einem Roboter durchgeführt wurde, der von den Patienten und Mitarbeitern scherzhaft „Vampi" genannt wurde. Aber Sophie hasste überhaupt Nadeln, selbst wenn sie von Zeit zu Zeit wegen ihrer Rückenschmerzen zur Akupunktur ging.

Anschließend erklärte Dr. Hilfreich Sophie das Prinzip „Swallow-your-Doctor". Dabei handelt es sich um einen winzigen Nanoroboter oder auch Nanobot, den sie einfach mit einem Schluck Wasser zu sich nimmt und der wichtige Daten über ein Healthwatch-System in die Praxis bzw. ihre persönliche Cloud überträgt. 48 h später wurden die individuellen Medikamente per Fahrradkurier zu Sophie ins Büro gebracht. Drohne oder Heimlieferung wären auch möglich gewesen, aber der Fahrradkurier war für Sophie noch eine Reminiszenz an die „ökologisch-korrekte Old School mit Sozialcharakter".

Sie halten das für reine Fantasie? Keineswegs. Es ist ein Blick in eine reelle Zukunft, wie sie eigentlich schon existieren könnte. Man weiß heute, dass junge Leute nicht mehr bereit sind auf einen Termin beim Arzt zu warten. Die Generation YZ und Folgende suchen sich heute schon ihren Arzt über das Internet oder bevorzugen sowieso eine Online-Konsultation. Schon bei den heute 18- bis 29-Jährigen hat fast die Hälfte keinen Hausarzt mehr, während es bei den über 65-Jährigen nur ungefähr jeder 10. ist. Wie das Verhalten der teilweise noch nicht einmal krabbelfähigen Generation alpha sein wird, kann man nur erahnen. Die berufliche und räumliche Flexibilität dieser Generationen lässt vermuten, dass sich das Gesundheitswesen sogar noch stärker an dieses Verhalten anpassen muss. Für mehr als 85 % der Mitglieder der letzten beiden Generationen sind die für sich möglichen Berufe noch nicht einmal erfunden. Ähnliches wird sicherlich auch den Medizinbereich betreffen. So sind viele jüngere Menschen bereit, mit sogenannten Chatbots (Sprachrobotern) zu sprechen – als sinnvolle Ergänzung bzw. allein, um so Arzttermine zu vereinbaren.

Voraussetzung hierfür ist das, was jetzt schon überall um uns herum passiert. Die Digitalisierung unserer Umwelt, unserer Arbeitswelt und unseres persönlichen Lebens, alle unsere Daten von der Geburt bis zum Unvermeidlichen. Analog war gestern, die Zukunft wird ausschließlich digital sein, oder vielleicht eines Tages noch etwas ganz anderes.

Zumindest eine landesweite Digitalisierung ist die unbedingte Voraussetzung dafür (andere Länder sind uns sowieso schon voraus). Jeder Arzt und jedes Krankenhaus

1

im noch so entlegensten (Herrgotts-)Winkel muss Zugang zum Hochgeschwindigkeitsnetz haben. Wir tun uns damit zumindest in Deutschland im Moment noch viel schwerer als einige unserer europäischen Nachbarn. So sind Skandinavien, Estland usw. digital schon sehr vernetzte Länder. Aber auch nur spärlich besiedelte Länder mit großen Entfernungen zwischen den Städten und Gesundheitszentren wie in Finnland leben heute schon in einer digitalen Gesellschaft (sicherlich auch ein Beispiel für Länder in Afrika). Nun mag das natürlich daran liegen, dass finnische Unternehmen schon vor einigen Jahrzehnten den Grundstein hierzu gelegt haben und die Bevölkerung offenbar auch dadurch weniger Berührungsängste mit neuen Kommunikationstechnologien hat. Auf jeden Fall gibt es eine enge und gute Zusammenarbeit zwischen den medizinischen Versorgungszentren wie den Krankenhäusern und Hightech-Unternehmen. Dies erlaubt eine schnelle und effektive Verknüpfung von Hightech-Medizin mit traditioneller Medizin sogar in Echtzeit. Die über das Internet verfügbaren Angebote bieten Services im Bereich psychischer Gesundheit, Männer- und Frauengesundheit und anderer eher chronischer Krankheitszustände. Dies bildet quasi die Grundlage für ein virtuelles Krankenhaus. Zwar kann ein virtuelles Krankenhaus operative Eingriffe (noch) nicht durchführen, aber es kann zumindest wichtige Aufgaben in der Vor- und Nachsorge erfüllen.

Während bei uns und in anderen Ländern die verantwortlichen Datenschutzbeauftragten noch große Bedenken gegen das Konzept von eHealth haben, sind es die finnischen Patienten schon seit vielen Jahren gewohnt, medizinische Beratung digital bzw. virtuell abzufragen und zu hinterlegen. Das gilt für die individuelle und persönliche elektronische Gesundheitsakte ebenso wie für die Gesamtheit aller Daten aus dem finnischen Gesundheitssystem. Mithilfe von Künstlicher Intelligenz bemüht man sich derzeit in Helsinki die so vorhandenen und zugänglichen Datenmengen zu analysieren und insbesondere auch die Prävention und die Frühdiagnostik von Krankheiten zu stärken. Das Ziel liegt auf der Hand: Es geht um eine allgemeine Kosteneinsparung bei gleichzeitig besserer Versorgung aller Patienten und somit einer höheren Zufriedenheit der Bürger im Land und in den Regionen.

Natürlich ist der Umgang gerade mit sensiblen und meist sehr persönlichen Daten nicht trivial und die berechtigte Sorge um die individuelle Privatsphäre erleichtert zumindest im Moment noch den Übergang von einer analogen Welt in eine digitale Zukunft nicht. Rein berufsrechtlich ist das Speichern von Patientendaten in elektronischer Form in Deutschland unbedenklich, sofern ein unrechtmäßiger Zugriff und die unerlaubte und nicht autorisierte Verwendung verhindert werden (was aber natürlich auch für alle Dokumente in Papierform gilt). Auf jeden Fall sind heute alle Unterlagen im Original (Patientenakten, Röntgenbilder, histologische Schnittpräparate, gutachterliche Stellungnahmen, OP-Berichte usw.) Urkunden im juristischen Sinne, die einer gesetzlichen Aufbewahrungsfrist unterliegen (zumeist zwischen 10 und 30 Jahren). Sie bilden die Grundlage des sogenannten „Beweisführungsrechts" und Patienten haben ein Recht auf die Herausgabe bzw. die Einsicht in die sie betreffenden Urkunden. Inwieweit eingescannte, d. h. digitale Kopien diesem Anspruch gerecht werden, müssen Juristen noch klären und festlegen. Ähnliches gilt für primär digitale Urkunden, d. h. Dokumente, die nur mit einer (elektronischen) Unterschrift des Patienten rechtsgültig sind, z. B. Aufklärungs- und Einwilligungsformulare. Auch hier ist es notwendig den rechtlichen Rahmen für die erforderliche Digitalisierung im Gesundheitswesen zu schaffen, um sowohl Patienten als auch Ärzten und Pflegekräften die notwendige Rechtssicherheit zu geben.

Wie tief dringt die digitale Revolution heute schon in unser Leben ein? Individuen werden lückenlos und meist freiwillig erfasst, einschließlich persönlicher Leistungen, körperlicher Aktivität, Body-Mass-Index usw. Freiwillig laden wir dies in die sozialen Netzwerke, vielleicht um uns selbst und unsere Umwelt zu beeindrucken. Digital verfügbare Informationen und Daten über entsprechende Berufsportale sind wichtiger Bestandteil einer neoliberalen Leistungsgesellschaft und Arbeitswelt 4.0. Zwischenmenschliche Beziehungen werden durch Algorithmen geschaffen; vielleicht ist dies langfristig tatsächlich besser und nachhaltiger.

Es geht in der Zukunft darum, das richtige Maß für Künstliche Intelligenz, Robotik, „Big Data" und das menschliche Einfühlungsvermögen des Arztes und allen Mitarbeitern im Gesundheitswesen und in der Pflege zu finden. Beide Seiten, Patient und Arzt, sollen es als Chance sehen und nicht als Gefahr oder Bedrohung.

Heutzutage erwartet kein Passagier, dass der Pilot ein Großraumflugzeug auf einer transatlantischen Langstrecke ohne Computerunterstützung fliegt. Im Gegenteil – ohne Computer sicher am Ziel anzukommen ist eher unwahrscheinlich. Aber von einem Arzt wird immer noch eine eventuell lebensrettende Entscheidung auch unter schwierigsten Bedingungen ohne weitere Unterstützung erwartet. Warum tun wir uns so schwer, mithilfe einer Künstlichen Intelligenz und der Analyse von „Big Data" immer möglichst die passende Therapie für den individuellen Patienten finden zu wollen? Und das im Zeitalter von immer mehr zielgerichteten Medikamenten und komplexer werdenden Therapieschemata (das wäre quasi so, als ob im Landeanflug ohne Computer noch Nebel dazukäme).

Dagegen erwarten heute schon 80 % der Gesundheitswirtschaft, dass digitale Technologien bei der Bekämpfung von Krebs helfen werden. Maßgeschneiderte Arzneimittel, implantierte Mikrochips oder Operationsroboter: Digitale Technologien werden die Medizin und die Gesundheitswirtschaft in den nächsten zehn Jahren nachhaltig verändern. Fast drei Viertel der Befragten in einer Studie sind überzeugt, dass diese helfen die Lebenserwartung der Menschen zu verlängern. Und ebenso viele denken, dass dank digitaler Technologien Krankheiten besser vorgebeugt und so die Einnahme von Medikamenten dank erfolgreicher Prävention reduziert werden kann.

Zudem werden nach Ansicht der Experten telemedizinische Verfahren in zehn Jahren eine große Rolle spielen. Alle Befragten erwarten, dass der telemedizinische Austausch eines Mediziners mit anderen Spezialisten wichtig sein wird. Dabei kann beispielsweise ein Hausarzt Röntgenaufnahmen per Videotelefonie gemeinsam mit einem Fachkollegen auswerten. Fast ebenso viele gehen davon aus, dass telemedizinisch unterstützte Operationen eine große Rolle spielen werden. In komplizierten Fällen kann so z. B. ein führender Spezialist aus dem Ausland hinzugezogen werden. Die telemedizinische Routineüberwachung des Gesundheitszustands eines Menschen wird zunehmend an Bedeutung gewinnen. Herz- oder Diabetespatienten übermitteln dabei von zu hause oder mittels App aus ihren persönlichen Werten wie EKG, Blutdruck, Gewicht oder Blutzucker elektronisch an einen Arzt. Der behandelnde Arzt kann die Werte auch ohne ständige Praxisbesuche oder Krankenhausaufenthalt seiner Patienten lückenlos überprüfen.

Experten sind sich ebenfalls einig, dass die Online-Sprechstunde zwischen Arzt und Patient gerade für die jüngere Generation immer wichtiger werden wird. Diese ersetzt den Arztbesuch nicht, sondern ergänzt ihn, etwa bei Routineuntersuchungen. Gerade für chronisch kranke oder ältere Menschen sowie für Patienten in dünn besiedelten Regionen bringt Telemedizin große Vorteile. Patienten werden weiterhin gut, wenn nicht sogar besser versorgt als in der Vergangenheit, ohne weite Strecken zur nächsten Praxis oder Spezialklinik zurücklegen zu müssen.

Großes Potenzial bietet z. B. die individualisierte Medizin. Darunter versteht man vor allem Therapien, die mithilfe von „Big Data"-Technologien passgenau auf den Patienten zugeschnitten werden. So können Faktoren wie Erbgut, Lebensstil, Geschlecht und Alter beispielsweise in der Behandlung von Krebserkrankungen berücksichtigt werden, was Nebenwirkungen verringern und Heilungschancen deutlich verbessern kann.

Eine bedeutende Rolle werden außerdem KI-gestützte Diagnoseverfahren spielen, sogenannte „Decision Support Systeme". Dabei handelt es sich um Computer, die mit medizinischen Datenbanken verbunden sind und diese in Sekundenschnelle auswerten können. So können sie Ärzten helfen, Krankheitsbilder schneller oder präziser zu erkennen und geeignete Therapien vorschlagen. Schon heute ist es für Ärzte selbst in einem kleinen Fachgebiet schwierig, immer auf dem aktuellsten Stand zu bleiben. Dies erwarten aber die Patienten und hier können Hochleistungsrechner und „Big Data"-Technologien unterstützen.

So liefern akademische Institutionen oder kommerzielle Firmen (hoffentlich validierte) Plattformen, die eine Optimierung in vielen Bereichen unterstützen – eine bessere Diagnostik, eine bessere Risikoabschätzung und bessere Therapien. Aber alle haben eines gemeinsam: Sie brauchen „Big Data".

Auch unsere persönlichsten Daten – und damit meine ich nicht den eigenen Facebook- oder Instagram-Account, sondern alle medizinischen Informationen – werden früher oder später digital in der Wolke („Cloud") vorhanden sein. Ein mühsames Erinnern an frühere Krankenhausaufenthalte („In welchem Sommer war noch die Mandeloperation?") sind nicht mehr nötig; auch die Erinnerung an das Nichtvertragen (Allergie) von bestimmten Medikamenten („Ach ja, dieser quälende, juckende Ausschlag wegen xyz") kann entfallen (wobei die Ursache vielleicht auch ganz woanders lag).

Was „man" gerne mit der ganzen Welt oder bestimmten Teilen davon, den sogenannten Freunden, teilt bzw. „postet", „liked" oder „disliked", gilt wohl kaum in gleicher Weise für die unangenehme Infektionskrankheit nach einem Urlaub im Ausland. Man mag wohl kaum darüber informiert werden wollen, ob der Nachbar diese roten Flecken an den eigenen intimsten Stellen auch „disliked" oder sich heimlich darüber freut. Solche Daten sind dann doch eher persönlich und sollten nur mit den entsprechenden medizinischen Experten geteilt werden. Dennoch sind diese Daten da. Sie werden immer mehr und immer größer („Big Data") und auch wenn man sie nicht öffentlich preisgibt („anonymisiert"), so wachsen diese im Laufe eines ganzen Lebens doch zu einer stattlichen Datensammlung an. Diese digitalen Datenbanken von allen Patienten dieser Welt wären ein riesiges medizinisches Wikipedia und könnten vielleicht eines Tages alle relevanten ärztlichen Erfahrungen dieser Welt enthalten.

Was wäre es für ein Gefühl, wenn man als Patient nicht nur auf das Wissen eines einzelnen Arztes oder eines Ärzteteams angewiesen wäre, sondern auf das aktuellste

Wissen und die medizinischen Erfahrungen aller Experten in Echtzeit zurückgreifen könnte? Bei diesem enormen und wertvollen Wissen lägen auch signifikante Statistiken für alle Altersgruppen, getrennt nach Geschlechtern (oder auch eben neutral), ethnischer Herkunft, Vorerkrankungen usw. vor.

Der Trend zur Digitalisierung hat auch Folgen für die Wettbewerbssituation. So sind einige neu in den Markt eintretende Start-ups, z. B. aus dem Biotech- oder Informations-Bereich, die größte Konkurrenz für disruptive Neuentwicklungen in der Pharmabranche. Inzwischen werden zudem große und uns allen bekannte Unternehmen aus der Informations- und Digitalbranche als Konkurrenz ausgemacht.

Trotz möglicher auch rechtlicher und regulatorischer Hemmnisse ist die deutsche Gesundheitsbranche optimistisch, dass sie in zehn Jahren im internationalen Vergleich beim Thema Digitalisierung gut aufgestellt sein wird. Dies hofft auch die deutsche Bundesregierung mit ihrer digitalen Initiative, besonders im Bereich der Künstlichen Intelligenz. Digitale Technologien werden herkömmliche medizinische Verfahren optimieren oder sogar völlig neue, innovative Angebote hervorbringen. Wichtig ist, dass die richtigen Voraussetzungen für eine digitale Revolution geschaffen werden.

Trotz der großen medizinischen Fortschritte durch die Digitalisierung bleiben Ärzte wichtig. Künstliche Intelligenz, Mikrochips, Algorithmen oder Roboter können nicht die Erfahrung und Intuition von Ärzten vollständig ersetzen, sie können die Mediziner entscheidend unterstützen. Auch Krankheitsbilder werden sich ändern oder neu auftreten durch eine veränderte Arbeit und vielleicht auch durch mehr Freizeit und so ist die Gesundheit und Medizin der Zukunft eng verknüpft mit dem Leben und Arbeiten der Zukunft. Schon heute wird von Cyberkrankheiten, wie Digitaler Demenz oder Computersucht gesprochen. Allerdings bieten sich auch Chancen, z. B. im Bereich der Chronobiologie, um durch optimierte und flexible Arbeitszeiten den eigenen Biorhythmus optimal auszunutzen und dann sogar gesünder zu leben (wenn man dann das Smartphone auch trotzdem hin und wieder beiseitelegt).

Mithilfe der Digitalisierung in der Medizin können bestimmte Entwicklungen auch gleich übersprungen werden. Vielleicht muss man nicht mehr Ärzte für die großen und meist ländlichen Entwicklungsflächen, z. B. in Afrika und in Teilen Asiens, nach den bisherigen Regeln der Kunst ausbilden, sondern diese sogleich digital an die Medizinversorgung der Zentren weltweit anbinden – ähnlich wie das Auslassen der „Landline" und der direkte Übergang zu einem mobilen Telefonnetz. Allerdings erfordert beides Ausbau und Anbindung an ein bestehendes und funktionierendes digitales Kommunikationsnetz, woran es sogar weniger in Afrika, häufiger dagegen noch in zentralen Teilen Europas hapert.

Sehen wir also die Digitalisierung mit den Möglichkeiten einer Künstlichen Intelligenz und Roboterunterstützung auch als Chance für uns Patienten, ebenso wie für uns Ärzte. Wir können uns natürlich aus vielen Gründen dieser Entwicklung verweigern, die Zeit zurückdrehen können wir allerdings nicht.

Was ist an Intelligenz künstlich?

© Springer-Verlag GmbH Deutschland, ein Teil von Springer Nature 2019
R. Huss, *Künstliche Intelligenz, Robotik und Big Data in der Medizin*,
https://doi.org/10.1007/978-3-662-58151-3_2

2.1 Die intelligente Revolution – Medizin 4.0: Der Weg einer analogen Kunst zur digitalen Wissenschaft

Die Digitalisierung unserer persönlichen und globalen Welt ist eine nicht mehr wegzudenkende Realität aller ab jetzt oder auch in den letzten Jahren Geborenen. Der Umgang mit einer Welt voller digitaler Daten und Online-Informationen wurde und wird den jüngeren Generationen quasi in die Wiege gelegt. Dies gilt für öffentliche wie auch besonders private Daten, und natürlich und insbesondere für den Umgang mit persönlichen Gesundheitsdaten. Über diese neueren Generationen – und damit meinen wir alle der Generation Y, die ersten „Digital Natives" oder „Millennials", die zwischen 1980 und 2000 Geborenen – sagte John Perry Barlow von der Band „Grateful Dead": *„You are terrified of your own children, since they are natives in a [digital] world where you will always be immigrants."* (Du hast Angst vor Deinen eigenen Kindern, da sie Eingeborene in einer [digitalen] Welt sind, in der Du immer ein Einwanderer bleiben wirst). Auch die darauf folgende Generation Z oder auch iGeneration, Post-Millennials oder „geborene Digitale Natives" (der Jahrgänge 2000 bis 2015) und natürlich die noch jüngeren, die „Z-Nachfolger" (Z#successors) oder „Generation alpha" (nach 2015 Geborenen) haben wie selbstverständlich hohe Erwartungen an die Medizin der Gegenwart und der Zukunft, und zwar in allen Lebensbereichen und für jedes Lebensalter. Das Verhalten der Generationen YZ und Nachfolgende wird stark beeinflusst durch ihre Art zu leben (Leben 4.0) und zu arbeiten (Industrie bzw. Arbeit 4.0). Schon heute ist es unzweifelhaft, dass die Generation Y den Arzt „digital aussucht" und die Generation Z diesen auch „digital, also online konsultiert".

Für diese jüngeren Generationen ist es in keiner Weise vermessen anzunehmen, dass sie dank der heutigen Lebensumstände, einer ausdrücklich menschenfreundlichen Arbeitswelt (zumindest in den entwickelten Ländern) und auch der Verfügbarkeit einer modernen Medizin, 100 Jahre oder sogar noch älter werden können. Zu Zeiten von Nikolaus Kopernikus, der selbst auch Arzt war, lag die Lebenserwartung in der durchschnittlichen Bevölkerung meist weniger als 40 Jahre, wobei Kopernikus selbst 70 Jahre alt geworden ist. Und es war besagter Kopernikus, der die erste (physikalische) Revolution auf den Weg brachte. Kopernikus war es, später gefolgt von Galileo Galilei, Johannes Kepler und anderen, der das heliozentrische Weltbild – d. h. die Tatsache, dass die Sonne im Mittelpunkt unseres Universums steht und nicht anders herum – beweisen konnte und somit das damals geltende Weltbild (nämlich die Erde im Zentrum allen Denkens und Handels) auslöschte. Dies erschütterte besonders die religiösen Überzeugungen der Antike bis zu diesem frühen Mittelalter in ihren Grundfesten und veränderte auch die geltenden Formeln des geglaubten oder überlieferten Wissens. Während im christlichen Mittelalter die Formel galt: Schriften (z. B. die Bibel) × Logik = bekanntes Wissen, änderte sich dies im späteren und dann wissenschaftlich geprägten Zeitalter zu: Empirische Daten (Erfahrung) × Mathematik = wirkliches Wissen.

Dieser Ansatz beflügelte wohl auch Charles Darwin durch das Sammeln und Vergleichen von Daten zusammen mit wissenschaftlichen Überlegungen zur zweiten (biologischen) Revolution. Der Mensch musste sich nun einreihen in die Schöpfung und war nur noch eines von vielen Säugetieren in der Reihe der Evolution, wenn auch wohl das bisher Intelligenteste. Zumindest blieb dem Menschen dann immer noch die Überzeugung, dass er oder sie – wenn auch nicht mehr unbedingt die einzige Krönung der Schöpfung – zumindest doch durch den eigenen freien und bewussten Willen selbst Herr des eigenen Schicksals, der Gedanken und des persönlichen Wesens sei (außer man war Leibeigener oder gedungen durch die Umstände einer menschenfeindlichen Arbeitswelt, in der eine Digitalisierung und eine Arbeitswelt 4.0 noch lange nicht vorgesehen war). Dann war es allerdings der Psychoanalytiker Sigmund Freud, der uns mit der dritten (psychologischen) Revolution klarmachte, dass unsere Gedanken in Wahrheit nicht ganz so frei sind, wie wir wohl lange geglaubt und gehofft hatten. Unser Denken und auch die Art, wie wir versuchen innovatives Wissen zu generieren, kann auch stark beeinflusst werden durch Zwänge, Ängste und Erfahrungen, die tief in uns verborgen sind. Und diese werden dabei noch überlagert durch gesellschaftliche Konventionen und soziale Regeln und durch vermeintlich bekanntes und akzeptiertes Wissen von dominanten Experten und Meinungsbildnern (heute auch „Influencer" genannt).

Heute stehen wir wieder an einem revolutionären Wendepunkt, nämlich der vierten (digitalen) Revolution, die unser Leben mindestens ebenso in den Grundfesten erschüttern wird wie die vorausgegangenen drei anderen Revolutionen.

Durch den Zugang zu immer schnelleren Computern, der Möglichkeit sehr, sehr große Datenmengen zu speichern und darauf in Echtzeit zuzugreifen, diese mittels selbstlernender Software und Künstlicher Intelligenz in alle Richtungen mit und ohne Vorwissen zu analysieren, häufen wir immer mehr (virtuelles) Wissen an und entwickeln Fähigkeiten, die auch unsere gesamte Wirtschafts- und Arbeitswelt jetzt und in Zukunft noch weiter verändern wird. Die Annahme erscheint nicht unbegründet, dass durch eine weitergehende Automatisierung unser Tätigkeiten die zunehmende Akzeptanz und Verfügbarkeit virtueller (Heim)Arbeitsplätze und sogenanntes Crowdworking (man nennt diese auch digitale Tagelöhner, d. h. Personen oder Organisationen, die virtuell ausgelagerte Tätigkeit irgendwo auf der Welt unabhängig von Arbeitszeiten durch den Zugriff z. B. auf eine Cloud-Datenbank erledigen, falls dies in Zukunft nicht auch eine KI übernimmt) zu einer weit geringeren persönlichen Arbeitszeit im Büro oder am Arbeitsplatz führen wird.

Dies betrifft natürlich auch unser soziales Umfeld und unser Gesundheitswesen. Entstehen neue Formen von Krankheiten durch eine vermehrte Freizeit? Werden wir und besonders die jüngere Generation tatsächlich unter so etwas wie einer „digitalen Demenz" leiden? Arbeiten auch die Ärzte und das Pflegepersonal weniger und werden immer mehr durch Roboter ersetzt? Oder gibt es einfach bestimmte Berufe dann im digitalen Zeitalter nicht mehr und viel mehr von uns können in der weniger verbliebenen Arbeitszeit als Schwestern, Pfleger und Ärzte arbeiten?

Auch durch die digitale Vernetzung und das vermeintliche Wissen um Möglichkeiten entstehen immer höhere Erwartungen an alle im Gesundheitswesen – die Politik, die Ärzte, die Pflegekräfte usw. Dies ist verbunden mit der Forderung, dass es uns persönlich gut und eigentlich immer besser gehen soll. Wir wollen immer älter werden, gesünder bleiben, möglichst zu keinem Zeitpunkt leiden müssen. Was sind wir bereit dafür aufzugeben? Wie weit sind wir bereit, dafür unsere persönlichen Daten öffentlich machen bzw. mit anderen teilen? Denn die großen Tech- und Datengiganten unserer Zeit treiben diese digitale Revolution unaufhaltsam voran, und das natürlich nicht „umsonst". Der Philosoph Richard David Prechtl nennt dies den „Palo-Alto-Kapitalismus" und bezieht sich auf den Gründungsort der meisten dieser Unternehmen. Daten sind die neue Währung. Microsoft, Alphabet, Apple, Amazon, IBM, Facebook usw. „sammeln" Mediziner, Biologen, (Bio)Informatiker, Mathematiker, Physiker und sonstige IT- und Softwareexperten aus allen Bereichen in interdisziplinären Teams, um auch das Gesundheitswesen mit dieser neuen digitalen Währung zu füttern. Aber haben wir auch ein ausreichendes Wissen, um uns „mit Leib und Seele" einer Künstlichen Intelligenz und auch KI-gesteuerten Robotern anzuvertrauen? Ginni Rometty, CEO von IBM, meint, dass „diese (kognitive) Ära die Beziehung zwischen Mensch und Maschine neu definieren wird". Dies ist sicherlich auch ein berufsbedingter Positivismus, aber durch das „Internet der Dinge" (Internet of Things) und andere automatisierte Prozesse wird sich natürlich auch die Art und Weise der ambulanten und stationären Krankenversorgung und überhaupt die Art und Weise, wie wir Medizin oder Gesundheit praktizieren, ändern.

■ Abb. 2.1 fasst die Schritte der Industriellen Revolution zusammen bis hin zur Medizin 4.0, u. a. der digitalen Erfassung aller persönlichen und gemeinschaftlicher Gesundheitsdaten, der Entwicklung intelligenter Krankenhäuser und tragbarer Geräte („Wearables"), die unsere Daten immer und überall überwachen und für uns ein besseres und längeres Leben planen.

Diese vierte, digitale oder hier auf die Medizin der Zukunft bezogene Revolution ist besonders eine „Big Data"-Revolution und verbindet das intelligente Datensammeln in Echtzeit mittels „Wearables" („Smart Devices") mit „Cloud Computing" und immer neueren und besseren KI-Lösungen. Eine intelligente und umfassende

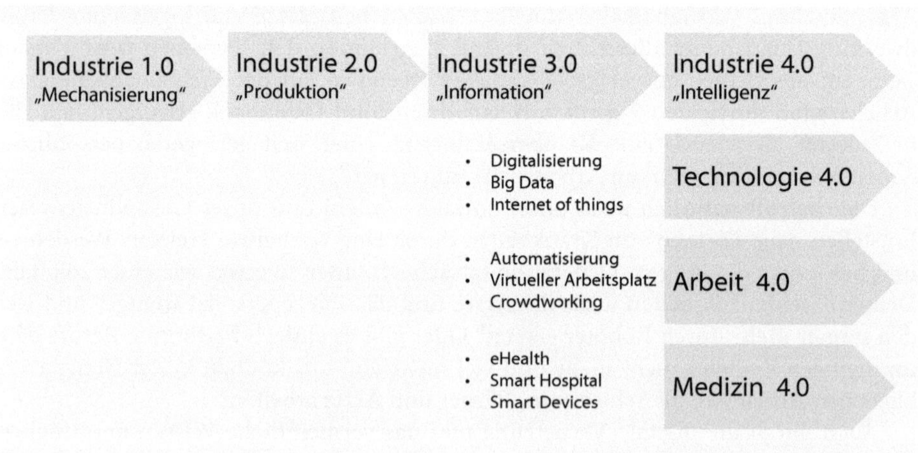

■ **Abb. 2.1**   Die industriellen und gesellschaftlichen „Revolutionen" beeinflussen auch das jeweilige Gesundheitswesen auf allen Ebenen. Die Digitalisierung als notwendige Voraussetzung für unsere Gesellschaft 4.0 (Technologie und Arbeit) führt auch in der Medizin zu einer Anpassung an die (An)Forderungen der jungen Generationen, nämlich den überwiegend virtuellen Zugang zu medizinischen und Gesundheitsinformationen und eine sehr stringente, datengetriebene Auswahl der notwendigen Konsultationen mit dem „Arzt der digitalen Wahl". Die Scheu vor einer digitalen Datenerfassung, -nutzung und Informationsverarbeitung und -verbreitung besteht bei den jüngeren Generationen weit weniger

Biotelemetrie durch ein 24 h-Monitoring von verschiedenen individuellen Parametern (Blutdruck, Schlafgewohnheiten, körperlicher Aktivität, Gewichtsverlauf usw.) hilft heute schon den Ärzten der Gegenwart (und besonders denen der Zukunft), optimale Entscheidungen für den einzelnen Patienten – besonders bei chronischen Erkrankungen – durch immer besser werdende Algorithmen zu treffen. Deshalb wird der analoge Arzt in keiner Weise entmündigt, sondern bekommt einen digitalen Assistenten zur Seite gestellt. Bis auf Weiteres trägt immer noch der Arzt die Entscheidung für jede Therapie, aber diese basiert dann vielleicht auf einer breiteren wissenschaftlichen Grundlage. An der Schwelle von einer analogen Vergangenheit und vielfach auch noch Gegenwart in eine mögliche digitale Zukunft hat man allerdings immer noch das Gefühl, dass viele aufgrund des virtuell Unbekannten eher Angst davor haben etwas falsch zu machen, als die Hoffnung, damit etwas richtig und besser machen zu können. Eine begründete Skepsis ist richtig und menschlich, aber vielleicht lassen sich gerade die jüngeren Generationen auch durch eine Künstliche Intelligenz und die Verfügbarkeit großer und gut analysierter Daten „belehren" ihre Zukunft anders zu gestalten und dies vielleicht auch mithilfe von Robotern.

2.2 Digitale Entscheidungen durch künstliche Intelligenz – Vom Lernen zum Entscheiden

Bevor man eine Intelligenz künstlich nennen kann, sollte man zunächst einmal versuchen zu verstehen, was überhaupt mit Intelligenz im Allgemeinen und natürlich auch im Besonderen gemeint sein könnte. Denn lange Zeit war die Künstliche Intelligenz lediglich ein Teilgebiet der Informatik und Ingenieurwissenschaften und steuerte z. B. Fabrikanlagen (Industrie 4.0), Roboter oder selbstfahrende Autos. Im Bereich der Medizin wird die KI jetzt aber zunehmend als Simulation intelligenten Denkens und (ärztlichen) Handels definiert und als Entscheidungshilfe oder gar Entscheider wahrgenommen und auch eingesetzt. Somit wird der Mensch bzw. der Arzt zum Maßstab einer praktischen Intelligenz, die von Computersystemen simuliert und künstlich hervorgebracht werden soll.

Man kann die menschlichen kognitiven (praktischen) Fähigkeiten mithilfe zahlreicher Tests als sogenannten Intelligenzquotienten (IQ) messen. Allerdings beschränkt sich diese messbare Größe auf Eigenschaften wie Wahrnehmung, (Er) Lernen, Erinnerung, Kreativität, Problemlösung usw. und lässt so eine grundlegende emotionale (soziale) Intelligenz ebenso außer Acht wie die erforderlichen Fähigkeiten für die Ausübung einer ärztlichen wie pflegerischen Tätigkeit.

Heute sind wir aber schon längst von „intelligenten" Systemen umgeben, die mehr oder weniger unabhängig mehr oder weniger selbstständig Probleme lösen und Tätigkeiten durchführen können. Beispiele solcher Systeme können Roboter und Smartphones sein oder auch „Devices", die wir am Körper tragen („Wearables") und die Körperfunktionen messen können (vgl. ► Abschn. 5.3). Das Ausmaß der (künstlichen) Intelligenz solcher Systeme hängt vom Grad der vermeintlichen Selbstständigkeit, von der Komplexität des zu lösenden Problems und der Effizienz des angewendeten Problemlösungsverfahrens ab. Es gibt also nicht „DIE Intelligenz" und somit auch nicht „DIE künstliche Intelligenz", um Probleme auch in der Medizin mit einer unterschiedlichen Komplexität der Simulation und hohen Effizienz zu lösen.

Einer der Gründerväter der KI, Alan Turing, entwickelte den sogenannten Turing-Test, um auf diese Art festzulegen, ob ein Computer gegebenenfalls ein gleichwertiges Denkvermögen wie ein Mensch hat. Im Zuge dieses Tests führt ein menschlicher Fragesteller über eine Tastatur eine Kommunikation mit zwei für ihn nicht sichtbaren Gesprächsteilnehmern (jeweils ein Mensch und ein Computer). Wenn der Befrager auch nach einem intensiven „Gespräch" nicht bestimmen kann, welche Antworten von der Maschine kommen bzw. nicht zwischen Mensch und Maschine unterscheiden kann, wird dieser ein dem Menschen ebenbürtiges Denkvermögen unterstellt.

Eine andere Definition (expliziert für das sogenannte „Machine Learning") kommt von Samuel Adam, der der Maschine eine eigene Lernfähigkeit ohne ausgewiesene Programmierung des Ansatzes bzw. der Lösung unterstellt. Andrew Ng von der Universität in Stanford geht sogar so weit, dass durch KI in näherer Zukunft alles automatisiert bzw. „gedacht" werden kann, wofür eine normale (menschliche) Person weniger als eine Sekunde Denkleistung benötigt. Diese Definition sollte aber nicht mit „Bauchgefühl" oder menschlicher „Intuition" verwechselt werden. Auf der anderen Seite wissen wir aber auch, dass die Rechenleistungen von KI-Systemen wie Deep-Mind inzwischen jeden Meister im Schach oder Go-Spiel schlagen können, besonders wenn die Lösung länger als eine Sekunde benötigt.

◨ Abb. 2.2 zeigt die unterschiedlichen Ebenen der KI: Von einem wissensbasierten (supervised) „Machine Learning"-Ansatz bis zu einem nahe völlig Hypothesen-freien (unsupervised) „Deep learning" bzw. gefalteten neuronalen Netzen (CNN = Convolutional Neuronal Network), die sich an der Struktur des menschlichen Gehirns orientiert und so Ja-Nein-Entscheidungen (Algorithmen) mit nahezu unendlicher Tiefe und anhand unendlicher Datenmengen durchführen können.

Der Mensch überprüft üblicherweise vorhandene Daten bzw. Informationen anhand bekannter oder erlernter charakteristischer Eigenschaften („Features"), um eine Vorhersage zu treffen bzw. Handlungen durchzuführen. Ein Beispiel aus der Medizin sind die hoffentlich reflexartigen Abläufe bei einem akuten Herzstillstand eines Patienten, um eine Reanimation einzuleiten und diesen zunächst erfolgreich zu stabilisieren. Beim „Machine Learning" wird der Computer (vielleicht eine Art Reanimationsroboter oder ein Sprachkommando für eine Laienreanimation) mit dem umfangeichen Wissen von zahlreichen Intensivmedizinern und erfahrenen Notfallsanitätern trainiert, um so die besten Entscheidungen im Reanimationsfall zu treffen bzw. vorzuschlagen. Dabei wendet die Maschine dieses „erlernte" Wissen (Auslesen des EKGs, verfügbare Laborwerte, Wissen um bekannte Vorerkrankungen wie eine koronare Herzkrankheit usw.) an, um die medizinisch besten Entscheidungen zu treffen. Das künstliche System wird so trainiert, dass die Quote einer erfolgreichen Reanimation mindestens gleichwertig, im Grunde aber besser ist als bei einer rein „menschlichen" Intervention. Ein solcher Erfolg kann sich dann einstellen, wenn die Zahl der verfügbaren Informationen (EKGs, Laborwerte, korreliertes Überleben usw.) und die Zahl der KI-unterstützten (hoffentlich erfolgreichen) Reanimationen immer größer werden.

Ein „Deep Learning"-Ansatz (DL-Ansatz) dagegen nutzt den Hypothesen-freien („unsupervised") Raum und lernt ausschließlich an der zunehmenden Zahl tatsächlich erfolgreicher Reanimationen ohne vorherige Instruktionen durch den Arzt oder Notfallsanitäter. Theoretisch entscheidet die Maschine selbst, welches Vorgehen

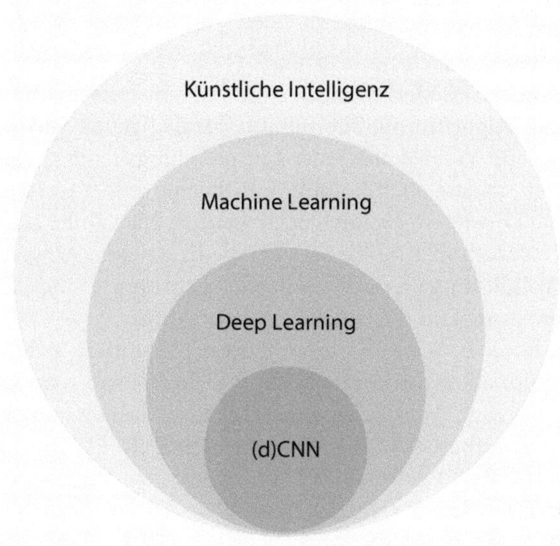

☑ **Abb. 2.2** Verschiedene Ebenen der künstlichen Intelligenz, die sich von einer zunächst noch überwiegend wissensbasierten Oberfläche in einen nahezu vollständig Hypothesen-freien Erkenntnisraum vertieft (dCNN = „deep convolutional neural network" = tiefe, gefaltete neuronale Netze). Vollständig ohne Vorwissen kommen sogenannte End-zu-End-Lösungen aus, deren neue Einsichten im Hinblick auf eine mögliche medizinische Relevanz umfassend überprüft und validiert werden müssen. Ob und inwieweit irgendwie geartete künstliche Intelligenzlösungen auch eine praktische (kognitive) und gar emotionale (soziale) Intelligenz, z. B. für eine Anwendung im ärztlichen und pflegerischen Bereich, entwickeln können, bleibt im Moment wohl noch unbeantwortet. Ganz zu schweigen von etwas, dass wir heutzutage immer noch „gesunden Menschenverstand" („common sense") nennen

den größten Erfolg für eine Reanimation beim individuellen Patienten bietet, d. h. ohne jegliche Instruktion oder Anleitung durch den Experten. Dies führt uns natürlich in diesem konkreten Fall zu einem ethischen Dilemma: Denn DL benötigt viel Erfahrung, d. h. viele Daten („Big Data") und somit viele Reanimationen, um den besten Ansatz zu erlernen. Es liegt auf der Hand, dass dies für die ersten 100 oder auch 1000 Patienten einen vielleicht negativen bzw. fatalen Verlauf nehmen könnte. Theoretisch käme am Ende zwar ein deutlich verbesserter Reanimationsalgorithmus heraus, der vielleicht auch schon die Ursachen des individuellen Herzstillstandes besser berücksichtigen würde, aber einer solchen Studie wird wohl zu Recht keine Ethikkommission der Welt zustimmen. Dennoch werden wir im Laufe dieses Buchs andere Beispiele für erfolgreiches DL kennenlernen.

Ethisch eher unbedenklich sind dagegen retrospektive Analysen bzw. Studien, bei denen ebenfalls große Datensätze in Trainings- und Testkohorten unterteilt werden. Auch hier gilt allerdings, dass die Verfügbarkeit vollständiger Informationen pro Patient oder Patientengruppe (z. B. alle jüngeren, männlichen Patienten mit einem fortgeschrittenen Lungenkrebs, die nie geraucht haben und erfolgreich auf eine Immunmonotherapie ohne vorausgegangene Chemotherapie angesprochen haben) schneller zum Erfolg führt als rudimentäre Daten. Die hiermit in Verbindung stehenden Themen wie Datensicherheit und Datenschutz („data privacy") werden in ▶ Kap. 5 besprochen.

Der Übergang vom „Machine Learning" (ML) zu „Deep Learning" (DL) nutzte und nutzt immer noch Wiederholungen von Ja-Nein-Entscheidungsbäumen. Wenn man mehrere dieser Algorithmus-Bäume nun parallel nutzt, spricht man von „Random Forest". In diesem „Wald" kann jeder Entscheidungsbaum theoretisch eine eigene Entscheidung treffen, sodass auch komplexe Probleme gelöst werden können bzw. für komplexe Probleme Lösungen vorgeschlagen werden. Man sollte schon an dieser Stelle und für alle anderen Methoden besonders bei medizinischen Anwendungen nicht vergessen, dass eine Validierung an den jeweiligen Zielgruppen, und das sind in unserem Fall echte Patienten, zwingend durchgeführt werden muss.

Im Gegensatz zu ML oder „Random Forest" orientiert sich DL an dem Aufbau bzw. der Funktionalität des menschlichen Gehirns und man spricht daher auch von „neuronalen Netzen". Wie beim menschlichen Gehirn werden vielfältige Verbindungen (Netze) zwischen der Eingangsinformation (INPUT) und der anschließenden (Re)Aktion (OUTPUT) genutzt. ◘ Abb. 2.3 zeigt ein stark vereinfachtes Schema, das beide Systeme miteinander vergleichen soll. So wie der Mensch schon als Säugling und hoffentlich im Laufe seines ganzen Lebens lernt und Erfahrungen im Gedächtnis (Kurz- oder Langzeitgedächtnis) abspeichert, so speichert auch DL positive (die Entscheidung war richtig, z. B. hat der Patient erfolgreich auf eine Therapie angesprochen) und negative Erfahrungen (der Patient hat auf die Therapie nicht angesprochen, d. h. die Entscheidung war in diesem Fall falsch) in der Datenbank. Wie bei einem Menschen wird auch die Maschine mit wachsendem Erfahrungsschatz (Datenbank) bzw.

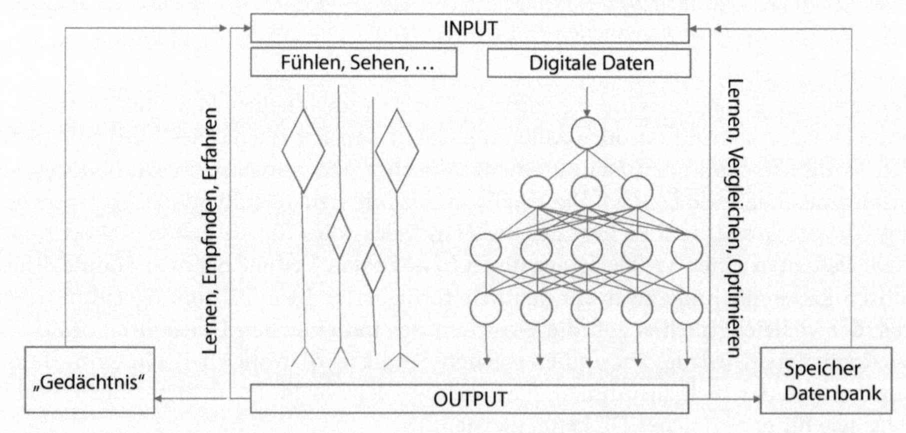

◘ **Abb. 2.3** Vereinfachtes Schema einer Künstlichen Intelligenz durch die Anwendung von „tiefen neuronalen Netzen" („deep learning") bzw. „gefalteten neuralen Netzwerken" („convolutional neural network") als Beispiel selbstlernender Computersysteme (rechts) im Vergleich von neuronalen Verbindungen im menschlichen Gehirn = Neocortex (links). Nicht dargestellt sind Systeme, die man noch als „maschinelles" Lernen beschreiben würde, d. h. vom Menschen entwickelte bzw. programmierte Regelsätze, die sich an neue Anwendungsbereiche anpassen können, aber sich nicht dauerhaft selbstständig optimieren

größer werdendem Datenspeicher in den Entscheidungen immer sicherer, schneller und „selbstbewusster" und wird irgendwann zu einem Experten. Daher spricht man auch von „Expertensystemen". Es gibt allerdings auch Ansätze, die den Lernerfolg noch weiter beschleunigen bzw. verstärken sollen, das sogenannte „bestärkte Lernen" („reinforced learning"), ein Begriff, der der Psychologie entlehnt wurde. Ganz wie bei einer Person oder auch einem Tier kann der Erfolg des Lernens belohnt oder ggf. auch bestraft werden. Hierfür gibt es spezielle Algorithmen bzw. Werkzeuge der Statistik. Die nächste Ebene solcher Werkzeuge bzw. Lösungen ist die sogenannte „rekursive Selbstverbesserung" („recursive self-improvement") oder „Seed-AI". Durch Letzteres wird nicht nur der Algorithmus verbessert, sondern durch spezielle Kompilierer (Compiler) sogar der zugrunde liegende Computercode. Somit entsteht quasi der Samen (seed) für ein möglicherweise völlig neues Computerprogramm mit neuartigen Entscheidungswegen, die sich selbstständig weiterentwickeln können. An dieser Stelle ist es dann wohl nur noch ein kleiner Schritt zu dem Punkt, der als technologische Singularität beschrieben wird, d. h. dem Zeitpunkt, an dem der Mensch der künstlichen Intelligenz begrifflich, intellektuell und auch inhaltlich nicht mehr folgen kann (bezüglich der Konsequenzen für den ärztlichen Beruf vgl. auch das folgende ▶ Abschn. 2.3).

Was den Menschen (Homo sapiens sapiens) aber (noch!) auszeichnet, sind im Laufe des Lebens erlernte, empfundene und erfahrene Verhaltensmuster, die wir uns im Zusammenleben in der menschlichen Gemeinschaft abschauen oder die sogar teilweise vererbt werden. Während wir von Vater und Mutter mit dem gesamten Satz genetischer Information ausgestattet werden, können molekulare epigenetische Modifikationen bestimmte Ausprägungen und auch Handlungsweisen verstärken oder abschwächen. Dies funktioniert sogar über Generationen. Hinzu kommen auch noch anatomische Strukturen wie Spiegelneurone, mit denen wir unsere Umwelt beobachten, wahrnehmen und gegebenenfalls imitieren, falls uns dies einen sozialen Vorteil durch Empathie verschafft. Unsere eigene emotionale Bewertung unserer jeweiligen persönlichen Situation wird auch durch die funktionelle Anatomie des Mandelkerns (Amygdala) im Großhirn gesteuert, wo durch den äußeren INPUT wie Sehen oder Riechen Angst, Flucht oder auch Lust ausgelöst werden können. Eine Fehlfunktion des Mandelkerns, der üblicherweise Informationen an zahlreiche nachgeordnete Strukturen im neuronalen Netz weitergibt, kann zu einer Reihe von medizinischen Problemen führen: Gedächtnisstörungen, Depressionen, Panikattacken oder übermäßig empfundener Stress mit psychosomatischen Krankheitsbildern als fehlgeleiteter OUTPUT.

Es stellt sich daher die Frage, ob KI-gesteuerte Roboter, wenn sie – und die Frage ist eher wann, nicht falls – Teil der menschlichen Gesellschaft, zumindest der Arbeitswelt, werden, auch in der Lage sein sollten, Emotionen zu spiegeln und mit den natürlichen Ängsten des menschlichen Gegenübers umgehen zu (er)lernen. Wie wichtig ist es für solche künstlichen Systeme in ihrer „Zusammenarbeit" mit Ärzten, Pflegekräften und insbesondere den Patienten und Angehörigen, auch Emotionen zu zeigen und auf solche adäquat, d. h. menschlich, zu reagieren?

Software einschließlich KI ist bis heute zumeist die präzise Spezifikation durch Algorithmen; der menschliche Geist lässt sich nicht oder nur schwer spezifizieren. Dieser wird geprägt von (Nach)Denken und Fühlen, dem Handeln und Sein.

Bisher beschränken sich die meisten künstlichen Leistungen der im Moment noch „schwachen" KI auf recht spezielle, menschenähnliche und praktische Fähigkeiten, um zumeist schwierige oder langwierige bis langweilige Aufgaben effektiver und auch objektiver (ohne Voreingenommenheit oder Müdigkeit) zu lösen. Die Zukunft wird wohl aber eine „starke" KI mit „übermenschlichen" (super-human) Leistungen bringen, die jeden Bereich der klinischen Praxis und medizinischen Tätigkeiten, von der korrekten Diagnose bis hin zur effektiven Therapieentscheidung und auch operativen Eingriffen, verändern wird.

Selbst eine „schwache" KI kann schon heute die Prognose von Krankheiten dramatisch verbessern, indem sie die weltweit verfügbaren großen Datenmengen handhabbar macht und uns erlaubt damit effektiv und objektiv umzugehen. Eine verbesserte Diagnose, d. h. ein tiefer greifendes Verständnis der Genotyp-Phänotyp-Korrelation (z. B. das Wissen darüber, welche genetische Mutation in einem Tumor zu welcher äußeren und für den Pathologen diagnostizierbaren Erscheinungsform führt), führt sehr voraussichtlich auch zu einer besseren und effektiven Therapie ohne gleichzeitig stärkere Nebenwirkungen. Dies ist das Ziel der sogenannten „Präzisionsmedizin" („precision medicine"), deren Präzision allerdings von der Größe der allgemein oder für diesen speziellen Zweck verfügbaren Daten abhängt. Daher gibt es durchaus zu Recht Verfechter der These, dass Daten im Gesundheitswesen allen (auch potenziellen) Patienten nutzen können, daher also gemeinnützig sind und somit als „Open Source" demokratisiert werden sollten. Neben einer „schwachen" und einer „starken" KI gebe es somit auch noch eine „gute" KI. Diese zahlreichen und unterschiedlichen Aspekte werden in den folgenden Kapiteln noch näher betrachtet und diskutiert.

2.3 Mensch, Arzt oder KI – Gibt es den Super-Arzt?

Die Künstliche Intelligenz ist da, um zu bleiben, auch um die immer größer werden und verfügbaren Datenmengen in der Medizin zu verstehen und sinnvoll zu nutzen. KI wird nicht mehr verschwinden. Vielleicht ändern sich in der Zukunft Begrifflichkeiten rund um die KI, Anwendungen werden zweifellos erweitert, sicherlich aber wird die Geschwindigkeit von Rechenoperationen schneller, wenn man nur an die Entwicklung von Quantencomputern denkt. Damit kommt man irgendwann an einen Punkt, an dem der Mensch der Technologie kognitiv nicht mehr folgen kann und diese letztlich zu vorhersagbaren Veränderungen – positiven wie negativen – auch in der Gesellschaft führt. Der Zeitpunkt, an dem nun die Maschine technologisch „besser" ist als der Mensch, nennt man „technologische Singularität" – ein Begriff, der der Zukunftsforschung entliehen wurde. Eine Voraussetzung ist die rasante Selbstverbesserung der KI durch Ansätze wie „Seed AI"; damit wird die Zukunft der Menschheit schon nicht mehr vorhersehbar. Im vorherigen Kapitel haben wir schon erfahren, dass „Seed AI" nicht nur den Problemlösungs-Algorithmus während des wiederholenden Lernens verändern kann, sondern auch den zugrunde liegenden Softwarecode.

Obwohl der prognostizierte Zeitpunkt der Singularität schon mehrfach um Jahrzehnte in die Zukunft verschoben wurde, warnen einige Experten vor dieser Technologie, u. a. da dieser auch für die an der Entwicklung Beteiligten überraschend und fast plötzlich eintreten kann.

Wissenschaftler wie der Philosoph und Mathematiker Nick Bolsom von der renommierten Universität in Oxford warnen vor einer existenziellen Gefahr durch diese Entwicklung, trotz gleichzeitiger Heilsversprechen für unsere globale Gesellschaft und für jedes einzelne (erkrankte) Individuum. Persönlichkeiten wie Bill Gates, Stephen Hawking, Elon Musk und Steve Wozniak haben sich diesem „Vorsichtigkeitsappell" angeschlossen, gerade weil KI-Ansätze wie neuronale Netze (CNN) versuchen das menschliche Gehirn zu imitieren, dies aber im Moment noch unzureichend gelingt und selbstlernende Lösungen wie „Seed AI" sich permanent selbst erneuern können. Auf der anderen Seite haben wir ausreichend große und auch weiterhin bestehende medizinische Probleme auf dieser Welt, die es durchaus gerechtfertigt erscheinen lassen, sich mit neuen Technologien zu befassen und diese auch weiterzuentwickeln.

Einige eher optimistische Vertreter der technologischen Singularität und des Transhumanismus gehen davon aus, dass sich durch den damit verbundenen technologischen Fortschritt die Dauer der menschlichen Lebenserwartung maßgeblich steigern bzw. sogar biologische Unsterblichkeit erreichen lässt. Auch wenn man nicht ganz so weit gehen möchte, erscheint zumindest eine Verbesserung der Lebensbedingungen auch und gerade im höheren Alter durch einen verantwortungsvollen, technologischen Fortschritt machbar. Der Erwartung einer technologischen Singularität liegt die Beobachtung zugrunde, dass sich Technik und Wissenschaft besonders in den letzten Jahrzehnten immer rascher weiterentwickeln und viele zahlenmäßige technologische Entwicklungen einem exponentiellen Wachstum folgen. Dazu zählt insbesondere die Rechenleistung von Computern (sogenanntes Mooresches Gesetz). Diesem rasanten technischen Fortschritt steht die eher konstante Leistungsfähigkeit des menschlichen Gehirns bezüglich bestimmter, zumeist kognitiver Fähigkeiten gegenüber. Heutige Desktopcomputer erreichen eine Spracherkennung auf menschlichem Niveau und benötigen dafür nur eine geringe Kapazität der vorhandenen Rechnerleistung. Im menschlichen Gehirn machen die Regionen, die bekanntermaßen zur Spracherkennung verwendet werden, sicher anteilig mehr des Gesamtgehirns aus, als der entsprechende Teil im Laptop. Ließe sich die restliche menschliche Intelligenz also ebenso gut in Algorithmen umsetzen, dann fehlen allenfalls nur noch wenige Größenordnungen, bis Computer die Denkfähigkeit von Menschen erreichen.

So kommt als weitere Grundbedingung für eine Singularität neben der reinen exponentiell steigenden Rechenleistung eine „starke" KI hinzu, die nicht speziell für eine besondere Aufgabe programmiert werden muss, also z. B. eine „Seed AI". Eine starke KI mit mehr Rechenleistung als das menschliche Gehirn wäre eine sogenannte Superintelligenz. Würde sie sich selbst verbessern, käme es zu einem rasanten technischen Fortschritt, dem die Menschen, wie zuvor schon erwähnt, verstandesmäßig nicht mehr folgen könnten. Und unter welchen Bedingungen ist der Mensch oder Arzt bereit, einer Superintelligenz zu folgen und Entscheidungen zu akzeptieren?

Der Mathematiker und Autor Vernor Vinge postulierte schon in den 1980er Jahren, dass eine übermenschliche Intelligenz, unabhängig davon, ob diese durch eine erweiterte (advanced) menschliche Intelligenz oder durch eine Künstliche Intelligenz erreicht wurde, wiederum noch effektiver in der Lage sein wird, ihre eigene Intelligenz immer weiter zu steigern und so zu einem enormem Fortschritt in sehr kurzer Zeit führen kann (sogenannte Intelligenzexplosion). Gleichzeitig ist dieses Szenario zweifellos für viele Menschen eine Horrorvorstellung einer sich verselbstständigenden Intelligenz, die schon nach kurzer Zeit den Menschen überlegen sein könnte.

Neben künstlicher Intelligenz werden auch andere Technologien gehandelt, die zu einer technologischen Singularität führen könnten: Technische Implantate mit Gehirn-Computer-Schnittstellen (vgl. ▶ Abschn. 6.3) oder die Gentechnik (vgl. ▶ Abschn. 4.1) könnten die Leistungsfähigkeit des menschlichen Geists derart steigern, dass Menschen ohne diese Ausrüstung der Entwicklung nicht mehr folgen könnten. Diese Szenarien werden unter dem Begriff „erweiterte Intelligenz" („augmented intelligence") geführt und erinnern eher an Science-Fiction-Filme wie „Terminator" und „Universal Soldier" oder ähnliche.

Viele Anhänger der Singularität sehen in der schon mehrfach erwähnten „Seed AI" die wahrscheinlichste Ursache einer Singularität und die unkontrollierte Nanotechnologie für eine der größten Bedrohungen der Zukunft der Menschheit. Aus diesem Grund fordern einige, dass molekulare Nanotechnologie nicht vor dem erfolgreichen Auftreten und dem sicheren Einsatz einer „Seed AI" praktiziert wird, da die notwendige Intelligenz für einen verantwortungsvoller Umgang mit dieser Technologie und die Realisierung einer für die Menschheit positiven Singularität – also einer „guten" KI – dadurch beschleunigt bzw. überhaupt erst möglich werden könne.

Neben Nanotechnologie und KI wurden auch andere Technologien mit der Singularität in einen engen Zusammenhang gebracht: Direkte Gehirn-Computer-Schnittstellen könnten zu einem verbessertem Gedächtnis, einem umfangreicheren Wissen oder deutlich größerer Rechenkapazität unseres Gehirns führen. Auch Sprach- und Handschrifterkennung, leistungssteigernde Medikamente und gentechnische Methoden fallen in diesen Bereich. Im weitesten Sinne kann man sogar die Arbeiten von Frances Arnold über eine gerichtete Evolution zur Entwicklung von Medikamenten dazuzählen, für die sie 2018 den Nobelpreis für Chemie erhielt.

Als alternative Methode zur Schaffung Künstlicher Intelligenz wurde auch schon die Methode des „Mind Uploading" vorgeschlagen. Anstatt Intelligenz direkt oder künstlich zu programmieren, wird hier der Aufbau eines menschlichen Gehirns per Scan in den Computer übertragen. Die dazu nötige Auflösung des Scanners, die benötigte Rechenkraft und das erforderliche Wissen über das menschliche Gehirn lassen diesen Ansatz jedoch noch auf längere Zeit eher unwahrscheinlich erscheinen. Dennoch steht bereits in verschiedenen Projekten wie dem „Human Brain Project" die Simulation eines kompletten Gehirns in Aussicht.

Allerdings erfordern die weitergehende Entwicklung einer KI und ein „Mind Uploading" ein hinreichend fähiges Computernetzwerk. Die potenzielle Leistungsfähigkeit von Quantencomputern ist durchaus immens. Auf der anderen Seite sind Quantencomputer wohl eher schwierig zu programmieren und die Rechenprozesse nicht verfolgbar.

Aber führt eine technologische Singularität nicht auch zu einem begrenzten menschlichen Erfahrungshorizont? Die so entstandene Superintelligenz könnte ein verzerrtes Verständnis der Wirklichkeit entwickeln, die Auswirkungen auf das menschliche Bewusstsein und die eigene Vorstellungskraft von realen Zusammenhängen hätte.

Das Thema maschinell eigenständiger, ethischer Ziel- und Wertefindung im Rahmen von Superintelligenz und einer technologischer Singularität muss auch als

Problem diskutiert werden. Die Theorie der technologischen Singularität wird von verschiedenen Seiten aus unterschiedlichsten Gründen kritisiert. Ein Kritikpunkt sind fehlerhafte Daten oder deren Datenauslegung (vgl. auch ▸ Kap. 5) und damit eine mangelnde und nicht ausreichende Wissenschaftlichkeit.

Andere Kritiker äußern Zweifel am Singularitätsbegriff selbst. So hat es in der Geschichte der Menschheit viele revolutionäre Zeitpunkte gegeben, in denen die Welt, in der wir heute leben, völlig unvorstellbar war. Die Definition von „überschreitet die Grenze unseres Vorstellungsvermögens" ist somit kaum stichhaltig, allerdings kommen solche Momente immer schneller und häufiger und teilweise mehrfach innerhalb derselben Generation.

Gibt es denn auch so etwas wie eine „ärztliche oder medizinische Singularität"? Natürlich verwenden auch heute schon Ärzte das Wissen um das gesamte Patientengenom, kennen krankheitsrelevante Genmutationen und nutzen das Wissen um blockierte Stoffwechselwege („pathways") innerhalb von Krebszellen, um die richtigen Therapien auszuwählen. Aber wann wird der Einfluss von Computer und einer KI auf das medizinische Wissen und ärztliche Entscheidungen größer als die empirischen Erfahrungen ganzer Ärzte- und Wissenschaftlergenerationen?

Wollen wir das überhaupt? Wem vertrauen Patienten mehr? Dem leicht angegrauten Arzt im gestärkten weißen Kittel mit der ruhigen Stimme, der auf 40 Berufsjahre in seiner Praxis zurückblicken kann oder dem 32 Jahre alten Arzt mit Vollbart, der neben seiner Approbation auch noch einen Master in Bioinformatik besitzt, mit dem Computer auf 1000-mal mehr klinische Daten und Fallbeispiele zugreifen kann und KI-basierte Algorithmen zu Diagnose- und Therapieentscheidung nutzt?

Früher war der Arzt eine Autorität, die nahezu unkritisch gesehen wurde. Diagnosen und Entscheidungen wurden meist unerschütterlich akzeptiert (sicherlich auch bedingt durch eine verklausulierte Sprache in einer Mischung aus Latein und Altgriechisch), die kaum jemand verstand. Je mehr Patienten aber heute einen eigenen Zugang zu einer nahezu unendlichen Fülle von medizinischen Informationen und Daten in einer meist modernen und verständlichen Sprache haben, möchten diese selbstbestimmt Entscheidungen für das eigene Schicksal und natürlich auch für die eigene Gesundheit treffen. Doch das erscheint dann auf einmal gar nicht mehr so einfach. Denn jetzt muss der Patient mehr Verantwortung für sich selbst übernehmen und kann diese nicht vollumfänglich an einen Dritten delegieren.

Persönlich habe ich es eigentlich immer als ziemlich unfair betrachtet, den Patienten vor die Wahl zu stellen:

> **»** Nun Herr/Frau XY, wir könnten ihre Krankheit medikamentös behandeln oder
> Sie auch operieren. Und auch bei den Medikamenten hätten wir verschiedene
> Möglichkeiten: Es gibt ein Medikament, dass schon länger auf dem Markt ist und
> sich bei vielen Erkrankten bewährt hat oder ein ganz neues Präparat, das wir noch
> nicht so gut kennen, aber aufgrund neuester Studien noch viel besser wirken soll.
> Auch bei der Operation gibt es unterschiedliche Ansätze usw., usw..

Ich selbst bin ja schon bei der Wahl eines Frostschutzmittels für mein Auto im Winter überfordert.

Werden uns, d. h. den Arzt und den Patienten, dann KI-unterstützte Algorithmen auf der Basis großer, weltweiter Datenmengen weiterbringen? Werden Entscheidungen dadurch eindeutiger und somit einfacher?

Was ist, wenn der Arzt meines Vertrauens dem Algorithmus und den Weisheiten aus dem Internet widerspricht? Wie weit gehe ich mit dem Arzt in ein Streitgespräch über das jeweilige Pro und Kontra der vorgeschlagenen Strategie? Und inwieweit setze ich mich als Patient über die langjährige Erfahrung und möglicherweise Intuition eines Fachexperten und vielleicht sogar meines eigenen Bauchgefühls hinweg, nur weil es im Internet anders steht und Quantencomputer mit einer lernenden KI-Software andere Vorschläge machen? Auch heute können schon Großraumflugzeuge ohne Piloten und Ko-Piloten problemlos starten und landen, aber wir warten immer noch auf die menschliche Stimme aus dem Cockpit, die uns begrüßt und schließlich darüber informiert, dass wir im Landeanflug sind und das Wetter im Zielort besser ist als am Abflugort.

Wollen wir dann überhaupt eine Art „Ärztliche Singularität"? Wann ist die Maschine besser als der Arzt und darf dies überhaupt sein? Und wenn ja, in welchen Bereichen? Kann der Roboter eventuell auch besser operieren, ohne dass ein Arzt den Eingriff plant und digital steuert? Auch wenn die Antwort auf diese Fragen im Moment vielleicht noch überwiegend „nein" ist, so erscheint es aber doch zumindest akzeptabel, dass eine (auch lernende) KI, die Verwendung von „Big Data" und der Einsatz von Robotern bei den richtigen Indikationen das ärztliche Handeln weiter verbessern und aus zweifellos schon guten Ärzten noch bessere Ärzte machen. Und will ich als Patient nicht einen Arzt, der alles (Fach)Wissen dieser Welt (einschließlich alternativer und natürlichen Heilmethoden) nutzen kann, um für mich die beste Entscheidung zu treffen? Auch wenn diese Entscheidung möglicherweise heißen kann, nichts (mehr) zu tun?

2.4   Ist KI gut und gerecht? – Eine Ethik für die Zukunft

Im vorausgegangenen Kapitel haben wir uns mit dem Begriff der technologischen Singularität durch KI beschäftigt. Etliche Befürworter einer technologischen Singularität sind der Überzeugung, dass die Evolution zwangsläufig darauf hinauslaufen werde. Letztlich erhoffen sie sich die Erschaffung übermenschlicher Wesen, sogenannter „Superhumans", die eine Antwort auf den Sinn des Lebens liefern oder das Universum einfach nur in einen lebenswerteren Ort verwandeln. Eine Gefahr sehen manche Enthusiasten in dieser höheren Intelligenz nicht, denn gerade weil sie höher entwickelt sei, verfüge sie über ein dem Menschen überlegenes, ethisches Bewusstsein. Dies darf aber wohl zu Recht bezweifelt werden. Dazu bemerkt der Futurist Gerd Leonhard in seinem Buch „Technology versus Humanity": *„Technologie hat per se keine Ethik, aber die humane Gesellschaft beruht darauf."*

So betonen Kritiker, dass das Eintreten einer technologischen Singularität oder auch jeglicher anderer Form einer technischen Überlegenheit gerade aufgrund einer fehlenden Ethik verhindert werden müsse. Eine dem Menschen überlegene Intelligenz gehe nicht zwangsläufig mit einer ethischen und gesetzestreuen Gesinnung einher und die entstehende Superintelligenz könne zu einer Bedrohung für die Menschheit werden. Sie sehen bereits im Streben nach einer technologischen oder medizinischen Singularität einen Fehler, denn Sinn und Zweck von Technologien sei es ja gerade, den Menschen das Leben zu erleichtern, d. h. in unserem Fall Krankheiten besser vorherzusagen, zu diagnostizieren und bessere Therapien, durchaus mithilfe von Robotern, zu finden. Für sich selbst denkende Technologien können durchaus gegen diesen Zweck verstoßen oder ihn nicht erkennen und seien daher nicht erstrebenswert. Das ist natürlich wieder ein Schwarz-Weiß-Denken, wie es bei uns Menschen häufig üblich ist.

Auch eine Künstliche Intelligenz hält sich (meist) an Regeln, zumindest solange wir von „Machine Learning" als KI-Lösung sprechen und noch nicht von selbstlernenden und sich selbst verbessernden Expertensystemen. Diese Regeln bzw. Algorithmen sind von Menschen gemacht und können bedeuten: Suche nach neuen Regeln oder Regeln, die besser geeignet sind, um ein relevantes Problem zu lösen. Dies kann natürlich auch bedeuten, bestehende Regeln zu brechen. Denn schon Albert Einstein hat einmal gesagt: *„Probleme kann man niemals mit derselben Denkweise lösen, durch die sie entstanden sind"*. Was kann dies bedeuten? Wie befreien sich künstliche Lösungen aus einem ethisch-sozialen Dilemma? Wie trifft ein AI-gesteuerter Roboter eine solche Entscheidung? Oder ein lernender Algorithmus?

Wir kennen etliche solcher Probleme aus der Philosophie, so z. B. das Gedankenexperiment von Judith Thomson mit der defekten Straßenbahn: Diese rast ungebremst auf eine Gruppe von fünf Arbeitern zu und würde diese töten, wenn Sie nichts unternehmen. Sie haben nun die Chance fünf Menschen zu retten, indem Sie die Weiche umlegen, aber dadurch einen einzelnen Menschen, z. B. ein Kind zu töten, das auf dem anderen Gleis steht. Alternativ können Sie alle, d. h. alle fünf Arbeiter und das Kind retten, indem sie einen dicken, älteren Mann aktiv vor die Straßenbahn schubsen. Wie würde ein Algorithmus dieses ethisch-moralische Dilemma lösen und gibt es so etwas überhaupt in der Anwendung einer KI in der Medizin?

Wahrscheinlich tritt ein solches Dilemma in 99,9 % der Fälle überhaupt nicht auf und die Algorithmen handeln und entscheiden moralisch-ethisch nach unseren Maßstäben richtig, aber eben hin und wieder möglicherweise nicht. Wer ist dann verantwortlich? Oder ist es lediglich „Schicksal"? War die Datenlage für eine KI-basierte Entscheidung ausreichend?

Menschliches, also konventionelles und somit auch klassisches ärztliches Wissen trifft Entscheidungen, die man aufgrund der aktuellen Datenlage treffen kann bzw. die man sich zutraut oder für die man auch bereit ist, „den Kopf hinzuhalten" und eine entsprechende Verantwortung zu übernehmen. Wir alle wissen, dass es unter uns völlig unterschiedliche Charaktere gibt: Die einen sind risikofreudiger (vielleicht ist dies der klassische Chirurg), die anderen dagegen zögerlich und ohne akute Entscheidungsbereitschaft (das muss nicht notwendigerweise der Internist sein), bis diese ihnen von ersteren oder möglicherweise in der Zukunft auch von einer KI abgenommen wird. Dennoch gibt es Situationen, in den man entscheiden und handeln muss. Bei einem bewusstlosen Patienten ohne Herzaktivität ist es das Falscheste und zu Recht „sträflich" und möglichweise auch „strafbar" nichts zu tun. Etwas zu tun ist besser als nichts zu tun: Notruf absetzen, Hilfe holen und Reanimation beginnen, auch wenn dabei ein Rippe brechen sollte.

Wie verhält es sich aber mit der Nutzung großer Datenmengen, z. B. von allen Menschen dieser Erde, um medizinische Therapien für wenige Erkrankte zu finden?

Es erscheint uns ja zunehmend unsittlich und unethisch, für Konzerne konkrete Daten abschöpfen, Menschen und ihr Verhalten dafür zu analysieren, diese Daten weiterzugeben bzw. zu verkaufen. Google, Amazon, Apple, Facebook und ähnliche Giganten sind in unserer Wahrnehmung nicht länger die Guten, denn sie sammeln (manchmal eben rücksichtslos und ohne ausreichende Informationen zum geplanten Zweck) diese Daten, die sie zur Entwicklung ihrer Plattformen und der notwendigen Algorithmen brauchen. Aber wie beurteilen wir dieses Sammeln, wenn dadurch neuartige Medikamente für alle Menschen auf der Basis einer besseren Diagnostik entstehen? Der Philosoph Richard David Prechtl schreibt dazu in seinem Buch „Jäger, Hirten, Kritiker": *„In der Geschichte der Menschheit diente die Kultur dem Leben und die Technik dem Überlebenden. Heute bestimmt die Technik (zunehmend) unser Leben, aber welche Kultur sichert unser Überleben?"* Was ist, wenn die Zukunft der menschlichen Kultur und deren Überleben zunehmend auf der Basis selbstlernender Algorithmen beruht, um die Menschheit zu „retten"?

Wir beschreiben die heutige Zeit als digitale Revolution, die aber im Gegenzug dazu immer eine konservative Restauration auslöst. Aber es gibt keinen Weg mehr zurück. Was hat die digitale Revolution mit Angst vor dem Neuen zu tun?

Während „Irren menschlich ist" und wir bereit sind, Menschen Fehler zu verzeihen, wollen wir aber auch gleichzeitig das Auftreten von Fehlern verhindern. Dies gilt sowohl beim autonomen Fahren wie in der Medizin. Was ist aber, wenn der Algorithmus im Auto das Kind auf der Straße nicht erkennt, weil es vollständig weiß gekleidet ist oder eine anatomische Anomalie beim Patienten vorliegt, die in den bisherigen Datensätzen nicht vorkam? Kennt der KI-basierte Algorithmus den Ansatz des „Kenne-ich-nicht und weiß-ich-nicht" und „ich muss erst den Experten fragen und darf bis dahin nicht weiterfahren bzw. nicht weiteroperieren"? Auf jeden Fall sollte auch hier der Grundsatz des Hippokrates gelten, dem Patienten nicht zu schaden und ihn vor willkürlichem Unrecht zu bewahren.

Verlassen wir aber hier erst einmal das große Gebiet der moralischen und gesellschaftlichen Veränderung in unserer Gesellschaft durch den digitalen Umbruch und beschränken uns auf die Medizin. Was verliert der Mensch, sprich der Arzt, wenn er auf einmal mithilfe einer KI fast fehlerfrei ist? Wird er dadurch vielleicht sogar weniger sympathisch bzw. gar „unmenschlich"?

Was ist, wenn der Arzt durch die Anwendung eines Algorithmus einen „nicht-menschlichen" Fehler macht, wenn z. B. der Roboter die Anweisungen des Arztes oder des Computers nicht adäquat umsetzt oder ein neues Problem mit einer altern Software zu lösen versucht. Wer haftet dann? Wenn es sich bei dem Roboter nach heutigem Recht um ein sogenanntes Medizinprodukt handelt, so gibt es entsprechende nationale und internationale Richtlinien. Aber Komplexität und Unübersichtlichkeit der therapeutischen Möglichkeiten aufgrund eines exponentiellen Wissens- und Datenzuwachses nehmen immer mehr zu. Als Folge werden auch andere Fehler in der Medizin häufiger. Immer wieder lernende Algorithmen mit aktuellen Datensätzen versuchen hierbei selbst den erfahrenen Ärzten zu helfen.

Was ist aber mit Therapievorschlägen auf der Basis eines bisherigen Wissens, z. B. über die Effektivität und fehlende Toxizität eines neuen Medikaments, wenn jedoch der Patient eine nicht erkannte, sich entwickelnde Allergie bekommt? Das ist nichts allzu Ungewöhnliches und gehört zur Routine in der ärztlichen Praxis. Erste klinische

Anzeichen führen beim Arzt intuitiv zu einer notfallmäßigen Aktion (vgl. ▸ Abschn. 2.2). Hat dann die KI auch einen solchen Notfall-Algorithmus, der sich neuen Herausforderungen umgehend stellen kann oder muss dieser erst über eine längere Zeit mit neuen Daten trainiert und validiert werden?

IBM Watsons Empfehlung einer Chemotherapie bei bestimmten Krebserkrankungen basiert auf der medizinischen Literatur und Hunderttausenden von Fallbeispielen. Aber wer ist für die Aktualisierung zuständig? Wie aktuell ist aktuell? Welche Daten sind relevant? Wurde dabei auch jedes Fallbeispiel aus einer ethnischen Minderheit aus einem entlegenen Winkel der Welt berücksichtigt, wobei der Patient der Träger einer sehr seltenen genetischen Mutation ist, die aber bei der Zulassung des Medikaments nicht berücksichtigt wurde? Oder wurden nur klinische validierte Studien in die Entwicklung mit einbezogen, die alle Daten aus dem gesamten Genom mit allen bekannten Varianten berücksichtigen? Was passiert also z. B. mit algorithmischen Lösungen, die auf einer „dünnen", „selektionierten" oder „veralteten" Datenlage beruhen? Ist damit quasi eine Diskriminierung von Frauen, Kindern und Minderheiten vorprogrammiert? Sind wir also nicht eigentlich moralisch verpflichtet, alle verfügbaren und hoffentlich ausreichenden Daten aller ethnischen Gruppen einschließlich Alter, Geschlecht und kulturellen Eigenheiten (z. B. Ernährungsgewohnheiten) auch mithilfe großer Digitalkonzerne für eine Medizin der Zukunft zu nutzen, um die KI-Systeme ausreichend zu trainieren? Microsoft hat dazu ein Komitee mit dem Namen „Aether" gegründet – also eine Schnittstelle zwischen KI und Ethik.

Denn gerade die Medizin ist ein Gebiet, in der Entscheidungen häufig subjektiv ausfallen. Auch die individuelle Entscheidung des Arztes kann davon abhängen, ob das persönliche Familienleben intakt ist, es gerade geregnet oder die Lieblingsmannschaft gewonnen hat. Algorithmen können den Arzt aber auf mögliche Inkohärenzen hinweisen und die getroffene Entscheidung somit hinterfragen.

So spricht sich die Global Initiative for Ethical Considerations der IEEE (Institute of Electrical and Electronic Engineers) in der KI ähnlich wie im Flugzeug für eine Art Black-Box aus, die nachträglich ungewöhnliche Muster suchen und erkennen kann, um diese in Zukunft zu verbessern. Mit der KI wäre es also durchaus möglich, bessere Entscheidungen zu treffen und somit als ärztliche „Entscheidungsunterstützungssysteme" zu funktionieren. In diesem Zusammenhang sprechen einige daher eher von einer „Assistant Intelligence". Beispiele dazu gibt es in den folgenden ▸ Kap. 3 und 4 über eine verbesserte Diagnostik und optimierte Therapieentscheidungen.

Wie verhält es sich denn in der Anwendung von medizinischen Robotern? Der Robotik wird es wohl noch lange nicht gelingen, ein menschliches Niveau zumindest im Bereich der emotionalen und sozialen Intelligenz zu erreichen, obwohl man im Hinblick auf die zuvor besprochene technologische Singularität auch nicht zu sicher sein sollte. Bis auf Weiteres ist aber eine enge und abhängige emotionale Bindung von Patienten auf einer Pflegestation zu einem Roboter vorerst nicht zu erwarten, bis zu dem Zeitpunkt, wenn Roboter die Patienten (willkürlich oder willentlich-programmiert) versuchen zu manipulieren. So untersuchte die Universität von Vancouver in Kanada folgende Fragestellung: Soll ein Roboter einem Alkoholiker auf dessen Befehl einen alkoholischen Drink bringen entgegen der Anordnung des Arztes? Die Hälfte der Befragten stimmte dem dann zu, wenn der Roboter dem Alkoholiker gehört. Das Gleiche gilt für den übergewichtigen Diabetiker mit Hypertonus, der nach Junkfood verlangt. Dies ist aber zumindest in Kanada abhängig von dem Besitz des Roboters. Die resultierende Empfehlung der Wissenschaftler daraus war: Entwickler, Firmen, Ärzte oder auch Patienten müssen zu dem Zeitpunkt Verantwortung übernehmen, wenn ein ethischer Konflikt auftritt. Denn eine vorauseilende Entscheidungsfindung ist im Moment noch viel zu komplex, als dass eine selbstverantwortliche KI-Ethik zurzeit machbar wäre.

Die Abgeordneten des EU-Parlaments forderten in diesem Zusammenhang die EU-Kommission auf, Regeln für Robotik und KI vorzulegen. Denn im Gesundheitssystem gibt es schon erste Prototypen von Pflegerobotern und Algorithmen, die Diagnose und Therapieentscheidungen unterstützen. Dies sieht im Moment einen freiwilligen ethischen Verhaltungskodex vor, der eine juristische Betrachtung und Aufarbeitung nicht ersetzen soll und kann, wobei es hier in erster Linie noch um algorithmengesteuerte Roboter geht, z. B.:

- Roboter sollen immer im besten Interesse des Menschen/Patienten handeln.
- Roboter sollen keinen Schaden zufügen.
- Roboter sollen gerecht verteilt werden und insbesondere für die Pflege erschwinglich sein.
- Die neuesten Technologien müssen berücksichtigt werden.
- Es soll Zugang zu allen Informationen bestehen.
- Roboterverhalten muss umkehrbar sein, d. h. unerwünschte Handlungen müssen auch rückgängig gemacht werden können.
- Private Informationen müssen nicht identifizierbar sein, außer in besonders außergewöhnlichen Situationen und mit Zustimmung von Patienten (z. B. um die Pflege von Demenzkranken oder Sterbenden) immer weiter zu verbessern.

◘ Abb. 2.4 beschreibt einen möglichen gesetzlichen und ethischen Rahmen für den Umgang mit KI, „Big Data" und Robotern. Dieser Rahmen muss so bald wie

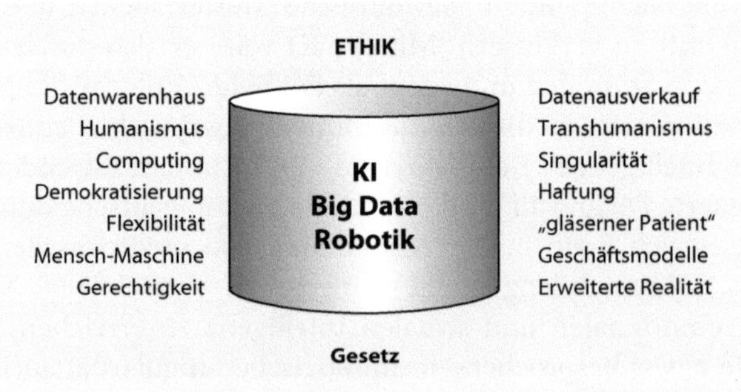

◘ **Abb. 2.4**   Künstliche Intelligenz ist grundsätzlich als Technologie weder gut noch schlecht. KI ist wie die meisten Technologien „nur" eine Technologie, die auf die richtigen Probleme angewendet werden muss. Es bedarf allerdings eines rechtlichen und ethischen Rahmens, um einem möglichen Missbrauch der KI und der missbräuchlichen Verwendung in der Analyse von „Big Data" und der Steuerung von Robotern vorzubeugen. Den soziologischen und gesellschaftlichen Umgang mit KI und verwandten Technologien bzw. die Konsequenzen aus deren Anwendung müssen wir als Gesellschaft auch noch erlernen, denn 2025 sollen schon mehr Tätigkeiten von KI-gesteuerten Robotern ausgeführt werden als von Menschen

möglich geschaffen werden und Eingang finden in eine nationale wie internationale Rechtsprechung.

Um dieser Herausforderung Rechnung zu tragen, soll eine „Strategie Künstliche Intelligenz (KI)" der Deutschen Bundesregierung unter dem Begriff „AI Made in Germany" ein entsprechendes Gütesiegel werden. Die Datenschutzgrundverordnung (DSGVO) bildet heute schon einen gesetzlichen Rahmen, ebenso wie E-Privacy-Verordnung und die Hightech-Strategie der Bundesregierung mit dem Titel „Plattform Industrie 4.0".

Jedoch können Roboter schon heute Menschen von schweren körperlichen (Routine)Tätigkeiten entlasten. Ein frühzeitiger und langfristig angelegter Dialog aller Beteiligten ist nötig, um die Chancen und die damit verbundenen Risiken transparent zu machen. Autonome und auch selbstlernende Systeme können den Arzt unterstützen, aber nicht ersetzen. Wir brauchen – hoffentlich – den erfahrenen Arzt immer noch und auf lange Sicht als letzte Kontrollinstanz. Dies gilt auch für die Bewertung und Einordnung von autonomen Diagnoselösungen und Therapieempfehlungen. Dazu gibt es auch rechtliche Grenzen: Maschinen sind nach heutiger Rechtsprechung keine Rechtspersönlichkeiten. Autonome Systeme können keine Verantwortung übernehmen. Roboter sind und bleiben – zumindest zunächst noch – reine Instrumente, die nicht personalisiert werden sollten. So herrscht für den Kognitionswissenschaftler Douglas R. Hofstadter in vielen Maschinen zurzeit immer noch eine Art Scheinintelligenz. Sind Maschinen – vorausgesetzt die zugrunde liegende KI wurde auf der Basis von ausreichend aktuellen, umfassenden und korrekten Daten entwickelt – überhaupt irgendwann fähig zu denken? Werden intelligente Maschinen eines Tages die Logik des Verstehens und eines Ich-Bewusstseins überhaupt besitzen können?

Die rein technischen Neuerungen und Veränderungen, d. h. die Unterstützung des Arztes bzw. des Pflegepersonals durch KI, „Big Data", „Data Science" und Robotik ist aus der heutigen Sicht im Wesentlichen unkritisch, solange das Verhältnis zwischen Arzt und Patient keinen Schaden nimmt. Sollte aber die zunehmende „Kultur der Digitalität" negativen Einfluss auf dieses Verhältnis und den Umgang miteinander bzw. auch das entsprechende Vertrauensverhältnis haben, sind ethische und ärztliche Handlungskodizes bis hin zu gesetzlichen Regelungen und Handlungsanweisungen wohl unerlässlich. Diese bedürfen dann stets und dauerhaft einer kritischen ethischen Analyse und Anpassung an die jeweils geltenden Rahmenbedingungen und die soziale Entwicklung unserer Gesellschaft.

Das ärztliche Handeln muss den Möglichkeiten, aber auch Grenzen der digitalen Vorhersagbarkeit von diagnostischen und therapeutischen Anweisungen auf der Basis auch noch so großer Datensätze und eleganter und selbstlernender Rechensysteme stets kritisch und mit der gebotenen Skepsis begegnen. Ob dies auch immer mit einer kritischen Distanz einhergehen muss, werden die Zukunft und der Erfolg der digitalen Medizin der Zukunft zeigen. Dennoch können intelligente Maschinen einen immer größer werdenden Anteil von (nicht-)pflegerischen und nichtärztlichen Arbeiten übernehmen, sodass dann mehr Zeit für Menschlichkeit und Zuwendung entsteht. Hier können wir zu Recht optimistisch sein.

Bisher wurden KI-Algorithmen noch nicht im Hinblick auf Fairness optimiert, sondern lediglich dazu um Aufgaben zu erfüllen. Laut Deirdre Mulligan von der Universität in Berkeley ist es überhaupt sehr schwer, „Fairness" in ein globales

Computerprogramm zu schreiben, da diese in unterschiedlichen Kulturen auch völlig unterschiedlich bewertet wird. Auch der kulturelle, soziale und ethnische Hintergrund der Programmierer kann zu einer Voreingenommenheit führen. Auf jeden Fall sollten medizinische Entscheidungen durch KI zumindest bis auf Weiteres für den Arzt transparent sein bzw. auf der Grundlage validierter Daten beruhen.

Dennoch befürchten weiterhin viele, dass KI in der Zukunft unsere zwischenmenschliche Kommunikation auch zwischen Arzt und Patient negativ beeinflussen und somit auch einen starken sozio-ökonomischen Einfluss haben könnte. Deshalb bezeichnen Einzelne eine KI-Gesellschaft oder eine entsprechende Medizin als „Hellven" – eine Herausforderung zwischen Himmel und Hölle, da wir in den nächsten 10 bis 20 Jahren auf jeden Fall enorme wissenschaftliche Fortschritte machen werden, die bei allen Herausforderungen durchaus einen insgesamt positiven Einfluss auf die Menschheit und hoffentlich auch auf das menschliche Glück und die Gesundheit haben werden. Oft wird gesagt: „Technologie ist weder gut oder noch schlecht, es ist einfach Technologie". Es liegt wohl an uns zu entscheiden, was diese Maschinen für uns tun sollen und dafür auch den ethisch-rechtlichen Rahmen zu schaffen.

Diagnose ohne jeden Zweifel

© Springer-Verlag GmbH Deutschland, ein Teil von Springer Nature 2019
R. Huss, *Künstliche Intelligenz, Robotik und Big Data in der Medizin*,
https://doi.org/10.1007/978-3-662-58151-3_3

3.1 Vom Orakel zur Souveränität – Die Rolle von Google, Microsoft und anderen Riesen

Wenn ein individueller Markenname zum Synonym für eine Klasse von Produkten oder Tätigkeiten wird, dann hat sich diese Marke auf dem Markt zweifellos erfolgreich durchgesetzt. Wir kennen das z. B. von Papiertaschentüchern – in Deutschland mit dem Markennamen „Tempo" und in den USA „Kleenex" als entsprechendes Synonym. Natürlich gibt es viele vergleichbare Produkte, die möglicherweise sogar besser sind, aber diese haben es (noch) nicht so sehr in unser Bewusstsein und in unseren Sprachgebrauch geschafft. So nutzen wir das Verb „googeln" nicht nur als Ausdruck für die Verwendung der Suchmaschine des US-Unternehmens „Google LLC" mit Sitz in Mountain View, Kalifornien, sondern ganz selbstverständlich für die Nutzung aller Suchmaschinen im Internet. Eigentlich geht es sogar schon darüber hinaus: Meist meinen wir sogar generell die Nutzung des World Wide Web.

Bekanntermaßen findet man in Letzterem eigentlich alles und jeden und natürlich auch umfassende Daten zur Gesundheit, zu Krankheiten, deren möglichen schulmedizinischen oder auch alternativen Therapien, den besten Ärzten, was man auf jeden Fall bzw. auf gar keinen Fall tun sollte usw. In zahlreichen Chatrooms werden dazu die unterschiedlichsten Meinungen in einer meist mehr oder weniger verständlichen oder korrekten Sprache verbreitet und „Influencer" (zu Deutsch: Einflussnehmer oder Beeinflusser) bemühen sich häufig in Blogs, Meinungen zu Marketingzwecken oder auch aus Sendungsbewusstsein in bestimmte Richtungen zu lenken.

Hier ein Beispiel einer Recherche aus dem Internet zur einer klinisch sehr wichtigen Diagnose: „Bauchschmerzen im rechten Unterbauch". Tatsächlich finden sich schon beim ersten Versuch zahlreiche Differenzialdiagnosen: Blinddarmentzündung, Morbus Crohn, Divertikulose, Dickdarmkrebs (Kolonkarzinom), Colitis ulcerosa, Nierensteine, Blasenentzündung (Zystitis), Menstruationsbeschwerden, Bauchhöhlenschwangerschaft (Extrauteringravidität), Ovartorsion, Entzündung der Eileiter (Salpingitis) oder der Eierstöcke, Hodenstieldrehung (Hodentorsion), Hoden- bzw. Nebenhodenentzündung (Orchitis, Epididymitis), Entzündung der Prostata, Leistenhernie, degenerative Wirbelsäulenveränderungen und zu guter Letzt und ausführlich beschrieben das Reizdarmsyndrom. Dies ist ja bekanntermaßen auch ein Sammelbegriff für eine Reihe von Unverträglichkeiten, z. B. gegenüber Fruktose (Fruchtzucker), Laktose (Milchzucker) oder Weizeneiweiß. Auffällig oder inzwischen schon fast selbstverständlich ist dabei, dass diese Homepage begleitet wird von Hinweisen auf Tests zur Selbstdiagnose eines Reizdarmsyndroms (teilweise sogar in Form eines Online-Quiz) und umfassenden Therapievorschlägen durch kommerzielle Produkte und den Besuch einer Ernährungsberatung.

Ehrlicherweise muss man aber auch konstatieren, dass auf dieser und ähnlichen deutsch- bzw. englischsprachigen Internetseiten immer auf die kritische Bedeutung der richtigen (Differenzial)Diagnose hingewiesen wird und auf die durchaus große Gefahr für Leib und Leben bei einer falschen Beurteilung und nicht adäquater Therapie. Vereinzelt findet sich auch der Hinweis: „Gehe vorsichtshalber zum Arzt".

Denn was das WWW oder der Laie natürlich kaum berücksichtigen oder nur bedingt bewerten kann, ist z. B. die Qualität des Bauchschmerzes: scharf, dumpf, hell, anhaltend, umschrieben, mit oder ohne „Loslassschmerz", ausstrahlend usw. Diese Qualitäten sind Ergebnis einer körperlichen Untersuchung, die den erfahrenen Arzt häufig in die eine oder andere Richtung der hoffentlich richtigen Diagnose lenken kann. Dies erfordert aber ausreichend Zeit und die Hinwendung des Arztes zum individuellen Patienten auch mit „Sympathie" (griechisch: mitleidend) und möglichst ungeteilter Aufmerksamkeit. Wir alle wissen, dass dies momentan leider zu selten vorkommt und Patienten sich daher häufig selbst die Zeit nehmen, um im Internet persönliche Antworten schnell zu finden.

Aber welche Information stimmt denn nun? Was ist richtig für mich persönlich? Kennt mich das Internet so gut und kennt es meine Daten? Kennt es meine persönliche Vorgeschichte, wobei der Arzt immer doch erst die Anamnese („medizinische Vorgeschichte") erhebt? Wo und wer ist letztendlich die kompetente Instanz, die mich durch diese unendliche Fülle und das Dickicht von teilweise sich widersprechenden Informationen leitet? Denn wir reden hier in erster Linie von Informationen und nicht notwendigerweise von Wissen oder gar Weisheit.

Was ist aber, wenn die eigene Recherche ergibt, dass die realistische Möglichkeit einer bösartigen Erkrankung plötzlich im Raum steht? Es ist dann zu hoffen, dass die Beschäftigung der Menschen mit der eigenen Gesundheit und Krankheit sogar eher dazu führt, einen Arzt aufzusuchen.

Eine der allerschwierigsten Fragen von Patienten oder Angehörigen an die Ärzte ist dann natürlich: „Wie lange habe ich noch?" oder „Was bedeutet das für mich?", falls tatsächlich die mögliche Diagnose einer lebensbedrohlichen Krankheit im Raum steht. Eine der Hoffnungen der neuen digitalen Technologien ist natürlich, dass Krankheiten dadurch früher entdeckt und erfolgreich behandelt werden können. „Prävention" wäre somit auch ein Ziel der digitalen medizinischen Zukunft und eine realistische Abschätzung des persönlichen und individuellen Risikos (vgl. folgende Kapitel).

Nun ist der Wunsch, auch in die ganz persönliche Zukunft verbunden mit dem eigenen persönlichen Schicksal schauen zu können, so alt wie die Menschheit selbst. Für diese Form der Prophezeiung und der Weissagung gibt es auch ein Verb: „Orakeln", abgeleitet von Orakel (lateinisch für Götterspruch), was wohl eher „raten" und „mutmaßen" bedeutet, als eine auf Daten und Wissen fundierte Prognose. Das bekannteste Orakel ist zweifellos das aus dem griechischen Delphi. Hier wurde von Oberpriestern zusammen mit der weissagenden Priesterin Pythia offenbar in einem durch Drogen erzeugten Rauschzustand die Zukunft vorhergesagt. Dies war damals wie auch in späteren Kulturen häufig verbunden mit unterschiedlichsten (teilweise menschlichen) Opfergaben, um die Götter zu beschwichtigen. Grundsätzlich waren Prognose und Vorhersagen auch über Leib und Leben viele Jahrhunderte in der Hand der Priesterschaft, da das persönliche Schicksal eher in der Hand Gottes oder höherer Mächte liegen sollte, als in den Händen jedes Einzelnen von uns oder gar abhängig von der menschlichen Heilkunst.

Erst in den letzten Jahrhunderten machte man sich an das systematische Sammeln von Daten, um so empirisch Beweise für eine erfolgreiche Therapie bestimmter Krankheiten zu finden. Ärztekongresse waren und sind immer noch davon geprägt,

Erfahrungen und Berichte, z. B. mit bestimmten Therapien in klinischen Studien, vorzustellen und mit den entsprechenden Fachkollegen zu teilen. Wenn sich daher heutzutage die Frage nach dem wahrscheinlichen Ausgang einer Krankheit oder eines Leidens und so dem Schicksal eines Patienten stellt, so ziehen wir erster Linie Statistiken solcher verfügbaren Datensammlungen zurate.

Unbedingt erforderlich und unerlässlich ist es dafür, die Rahmenbedingungen und demnach auch die Qualität der jeweiligen Erhebung (Studie) zu verstehen und zu bewerten. Wer wurde wann und wie mit welcher Therapie wie lange behandelt? Gab es eine entsprechende Kontrollgruppe, die man mit statistischer Zuverlässigkeit vergleichen kann, um so den individuellen Vorteil der einen über eine mögliche andere Therapie souverän einschätzen zu können? Die Qualität und Menge der verfügbaren, möglichst großen Daten („Big Data") ist daher essenziell. Und wie verstehen wir den Sinn all dieser Daten, um souveräne Aussagen hinsichtlich Prognose einer Krankheit für den individuellen Patienten und die richtige Therapie zum richtigen Zeitpunkt zu bestimmen? Dies beschreiben wir heutzutage mit dem Begriff „Insights", d. h. die Einsicht in die biologische und medizinische Bedeutung aller verfügbaren Daten.

An dieser Stelle möchte ich daher kurz auf die Art solcher Daten vorgreifen, was aber noch in den folgenden Kapiteln näher beschrieben wird. Um robuste „Insights" zu generieren, wird alles gesammelt, was von Patienten oder ganzen Kollektiven zur Verfügung steht bzw. untersucht werden kann:

- Genetische Informationen in Form von DNA (das Genom) und RNA (das Transkriptom),
- Eiweißmuster einzelner Zellen oder ganzer Gewebe (das Proteom),
- die bakterielle Besiedlung des gesamten Darms (das Mikrobiom),
- Entzündungsparameter (das Inflammasom),
- messbare Botenstoffe (das Sekretom) und vieles mehr.

Alle diese Daten werden dann unter Zuhilfenahme von modernen computerbasierten oder computerunterstützten Technologien in Entscheidungshilfen für eine präzisere Diagnose und einen entsprechenden Therapievorschlag übersetzt. Hiermit beschäftigt sich in erster Linie die Bioinformatik (im Englischen auch „Computational Biology" genannt), eine vielfältige und translationale Disziplin zur Sammlung und Untersuchung umfangreicher und unterschiedlichster Datensätze in den Lebenswissenschaften. Gerade die Bioinformatik nutzt neben wissensgetriebenen Ansätzen („knowledge-based" oder „supervised") die Künstliche Intelligenz um auch Hypothesen-frei („knowledge-free" oder „unsupervised") komplexe Zusammenhänge verstehen zu können. Voraussetzung dafür ist aber auch die umfassende Digitalisierung aller Daten und Informationen, z. B. auch aller Bilder aus der Radiologie (bildgebenden Diagnostik) oder Pathologie (Gewebediagnostik).

Allerdings reicht das reine Sammeln auch von digitalisierten Daten für eine erfolgreiche Anwendung der Bioinformatik nicht aus, sondern erfordert auch das Verständnis für eine optimierte und vergleichbare Qualität der erhobenen Informationen. Diagnostische Tests in jeglicher Form, ob DNA-Sequenz- oder Mutationsanalysen, Tumorhistologie oder Bluttests, müssen in ihrer Qualität und Aussage möglichst vergleichbar sein. Denn nur so lassen sich große Datenmengen überhaupt vergleichen und für eine nachhaltige Forschung und Entwicklung nutzen.

Früher hieß es „Wissen ist Macht". Heute gilt wohl eher „Daten und Informationen sind Macht". Wer im Besitz dieser Daten ist und diese auch analysieren und verstehen kann, wird die Welt verändern, in der wir leben. Das gilt auch für unser persönliches Leben und unsere Gesundheit: Wie lange bleibe ich gesund? Wie alt kann ich werden? Kann ich mir Gesundheit und langes Leben überhaupt leisten?

In dem Wissen um die Macht der Daten und besonders der ganz großen und möglichst sinnvollen Datenmengen, haben große Datenunternehmen wie Microsoft, IBM und das chinesische Unternehmen AliBaba eigene Gesundheitsdivisionen gegründet – auch um dadurch gezielt die Gesundheitsfragen unserer Zeit zu bearbeiten und möglichst zu beantworten. Was große Datenmengen („Big Data") sind und wie daraus Nutzen auch für die Gesundheit bzw. die Diagnose und Therapie gezogen werden kann, wird in den nachfolgenden Kapiteln näher erläutert und diskutiert.

Ein anderes geflügeltes Wort in diesem Zusammenhang ist: „Daten sind das neue Gold". Diesen Schatz wollen natürlich viele Unternehmen heben, sowohl die Datenspezialisten, wie oben schon erwähnt, aber auch die großen Pharmaunternehmen, die sich nun in den Datenraum begeben. So haben die beiden großen Schweizer Pharmaunternehmen Novartis und Roche eigene, neue Divisionen etabliert, die sich mit digitalen und datengetriebenen Lösungen zur Medikamentenentwicklung beschäftigen. Die Analyse solch großer Datenmengen erfordert natürlich auch den Einsatz von Künstlicher Intelligenz.

Auch Google hat die Zeichen der Zeit erkannt und gehört seit 2015 neben sechs anderen Unternehmen unter das Dach von Alphabet Inc. Zu den anderen Schwesterunternehmen gehören u. a. Calico, ein Biotech-Unternehmen zur Erforschung von biologischen Vorgängen im Alter und deren möglichen Therapien, DeepMind, das schon bekannte KI-Unternehmen, das sich u. a. mit der Entwicklung von selbstlernenden Computerprogrammen beschäftigt, die das Kurzzeitgedächtnis nachahmen und insbesondere Verily (früher Google Life Science), das sich mit einer Vielfalt von innovativen Lösungen im Gesundheitsbereich beschäftigt. Zu letzterem gehören „Smart Devices", wie z. B. glukosemessende Kontaktlinsen, tragbare Messgeräte, sogenannte „Wearables", diagnostische und teilweise implantierbare Nanopartikel oder auch chirurgische Roboter. Dieses Portfolio aus datenliefernden, diagnostischen Nanotechnologieplattformen und therapeutischen Optionen wird es Verily zweifellos ermöglichen, hieraus beachtlichen kommerziellen Gewinn auch aus Daten zu erzielen.

Einen anderen Weg geht IBM mit der Abteilung „Watson". Das KI-System von IBM Watson nutzt neben Apple's „Machine Learning"-Plattform u. a. DNA-Sequenzierungsprogramme, aber auch alle anderen großen Datenquellen zur Interpretation von Erkrankungen. Als Anekdote wird immer wieder gerne erwähnt, dass der Namensgeber dieser Geschäftseinheit, Thomas Watson, ehemaliger CEO von IBM, 1943 geäußert hatte: *„Es gibt keinen Grund, warum jeder einen Computer zuhause haben sollte".* Heute ist natürlich die ausreichende Verfügbarkeit von Computern mit schnellen Prozessoren eine grundlegende Voraussetzung für den Erfolg dieser Datensammelprogramme in allen Anwendungs- und Lebensbereichen.

Ebenso wie andere lagert IBM Watson diese wertvollen Daten überwiegend in der Cloud. Cloud-basierte Lösungen nutzt auch das niederländische Unternehmen Philips Healthcare. In Zusammenarbeit mit Amazon Web Service (AWS) sammelt Philips möglichst sämtliche Daten des gesamten Lebenszyklus, angefangen mit Informationen aus der ersten Windel bis zum letzten Atemzug und darüber hinaus. Durch den Verkauf und die Bereitstellung entsprechender medizinischer Hardware u. a. in der Radiologie, Intensivmedizin und auch der häuslichen Pflege und Versorgung in Verbindung mit einer eigenen KI-Lösung will das Unternehmen nicht nur Daten sammeln, sondern daraus auch entsprechenden Nutzen, also Lösungen für den Patienten generieren.

In gleicher Weise verfahren Unternehmen wie Siemens Health durch den Aufbau eines weltweiten, digitalen Ecosystems und auch General Electrics (GE Healthcare) mit einem breiten Dienstleistungsangebot im Bereich der medizinischen Informationstechnologie.

Während die oben genannten Unternehmen Zugang zu Daten zumeist durch die medizinischen Großanlagen (z. B. CT-Scanner) bekommen wollen, fokussiert sich Microsoft Health ähnlich wie Verily auf tragbare Wearables direkt beim Endkunden, d. h. am Patienten oder am potenziellen Patienten, also auch dem gesunden Kunden, der damit seinen Lifestyle dokumentiert und quasi in Echtzeit analysieren kann. Das Ziel ist schon heute für alle gleich: Das Sammeln großer und zuverlässiger Mengen von Daten, um daraus Schlüsse auf die Medizin von heute und besonders von morgen ziehen zu können. Die Verfügbarkeit von verlässlichen Daten ist auch die Voraussetzung für die Entwicklung neuartiger Medikamente auf der Basis einer noch besseren und umfangreicheren Diagnostik. Dies ist Gegenstand der folgenden Kapitel.

Im vorausgegangenen Kapitel hatten wir dagegen schon den erforderlichen notwendigen ethischen und gesetzlichen Rahmen für die Anwendung einer KI auf die verfügbaren Daten (Big Data) beleuchtet. Es bleibt die Frage, wem diese Daten eigentlich (exklusiv) gehören oder ob es nicht ein übergeordnetes Interesse der Gemeinschaft gibt, alle Daten für die beste Gesundheitsversorgung aller Patienten weltweit nutzen zu können. Hierzu gibt es erste, meist private Initiativen oder von zahlreichen Patientenvereinigungen wie „Patients-like-me", um einen hoffentlich souveränen und seriösen Umgang mit Daten und deren „Insights" sicherzustellen (vgl. auch ▶ Kap. 5).

3.2 Kenne ich mein Risiko? – 23 Chromosomen, viele Daten und KI

George Church ist eine Größe. Nicht nur körperlich durch seine imposante Statur und den eindrucksvollen Bart, sondern insbesondere durch seine Leistungen im Rahmen des Human Genome Projects (HGP) in den Jahren 1990 bis 2003 und seine Forschungen auf dem Gebiet der angewandten Genetik. Persönlich sieht er aber seinen Verdienst nicht in der Tätigkeit als Wissenschaftler zusammen mit Leuten wie Craig Venter, Francis Collins oder Eric Lander während der gemeinsamen Forschung am HGP, sondern dass inzwischen die Sequenzierung des eigenen menschlichen Genoms, d. h. der persönlichen DNA-Sequenz soweit diese eine Relevanz für Krankheitsrisiken darstellt, für fast jeden Normalbürger erschwinglich geworden ist.

Der Apple-Gründer Steve Jobs hatte für wahrscheinlich mehr als 100.000 US$ sein Genom im Moment seiner Krebserkrankung sequenzieren lassen. Heute ist dies für deutlich weniger als 1000 US$ zu bekommen und jeden Monat wird es günstiger und auch präziser. Dass Steve Jobs schließlich an seinem Bauchspeicheldrüsenkrebs gestorben ist, lag allerdings weniger an der aufwendigen Sequenzierung oder dem Fehlen einer Vergleichsdatenbank oder gar den nicht vorhandenen Therapieoptionen, sondern dem Wunsch und dem Naturell von Jobs einer solchen aggressiven Krankheit zunächst nur durch Fastenkuren oder mentales Training beikommen zu können. Mit einer früheren Operation und einer „konventionellen" Chemotherapie wäre Jobs vielleicht noch am Leben, was aber seinen Mythos sicherlich nicht in gleicher Weise gefördert hätte.

Heute ist die Kenntnis um das menschliche Genom eine der Grundlagen der modernen Medizin und der Forschung an neuen Arzneimitteln. Auch hier gilt wie schon zuvor diskutiert: Je mehr Daten, d. h. je mehr Gensequenzen vorhanden sind, umso vertrauenswürdiger und relevanter ist die daraus gewonnene Information und je mehr lohnt sich der Einsatz von intelligenten Lösungen wie einer KI. Auch hier war es wieder George Church, der einen revolutionären Ansatz gewählt hat. Um den Zugang zu möglichst vielen und umfassenden Informationen zu gewährleisten, gründete er 2005 in Harvard das sogenannte „Personal Genome Project" (PGP). Es ist die Vision dieses Projekts, eine weltweite, öffentliche Genomdatenbank für das Gesundheitswesen zu etablieren. Das PGP lädt Freiwillige ein, ihre genomischen und persönlichen Gesundheits- oder natürlich auch Krankheitsdaten sowie Wesensmerkmale zum höheren Zwecke beizutragen und damit auch in gewisser Weise öffentlich zu machen. Diese Initiative ist sicherlich auch begründet in den Erfahrungen des HGP und der verbreiteten Weigerung von Forschern, Daten und Informationen zu teilen, bevor diese nicht für Patente, wissenschaftliche Veröffentlichungen oder Vorträge auf großen Kongressen genutzt wurden. Nachdem das Projekt in Harvard begonnen wurde, gibt es auch „Niederlassungen" in Kanada, Großbritannien, Österreich und sogar China. Die Mitglieder dieses Netzwerks verpflichten sich den folgenden Richtlinien:

- Die Daten sind öffentlich. Jeder Teilnehmer stellt seine Daten freiwillig zur Verfügung.
- Die Daten sind nicht anonym und nicht vertraulich. Jeder Teilnehmer ist sich des Risikos einer Identifizierung bewusst.
- Die Teilnehmer stellen sicher, dass alle Daten vollständig sind und von den zuständigen Ethikkommissionen überprüft werden können.
- Die Daten werden kostenfrei zur Verfügung gestellt. Teilnehmer dürfen die Daten nicht verkaufen oder sonstigen Gewinn daraus erzielen.

Aber was macht man nun mit diesen Daten? Spätestens nach der Fertigstellung des HGP entstanden die ersten Unternehmen, die das neue Wissen um den Zusammenhang von genetischer Information und dem Auftreten von bestimmten Krankheiten bzw. deren Therapien auf den Markt brachten. Firmen wie Genomic Health aus Kalifornien verkauften den OncoType-*Dx*-Test an Patientinnen mit Brustkrebs, um darüber zu informieren, ob eine Chemotherapie wohl erfolgreich ist. Ähnlich handelt Myriad, die lange Zeit das Patent auf das Krebsgen BRCA 1/2 besaßen. Patientinnen mit einer solchen genetischen Auffälligkeit haben ein vielfach erhöhtes Risiko auch schon in jungen Jahren an Brust- und Eierstockkrebs zu erkranken. Bekanntestes Beispiel ist ja die Schauspielerin Angelina Jolie, die sich aufgrund dieser Genkonstellation beide Brüste prophylaktisch und als präventive Maßnahme abnehmen ließ. Auch andere Unternehmen bieten Hilfestellung bei der Einschätzung des persönlichen Risikos an bestimmten Leiden zu erkranken, wobei der Begriff „Hilfestellung" doch irreführend sein kann.

Sabine ernährt sich zweifellos gesund und treibt auch regelmäßig Sport. Nun gut, hin und wieder ein Glas Prosecco oder einen trockenen Weißwein, vielleicht sogar zusammen mit einer Zigarette, wenn es gerade sehr gemütlich ist beim Quatschen mit den Freundinnen, oder auch eine Tasse Cappuccino auf der Terrasse vom Italiener nebenan. Mit den Freundinnen bespricht Sabine eigentlich alles: Kinder, Beruf, Frust über den Ehemann, aber auch Gesundheitsthemen. Dabei hört man natürlich auch vieles über die Krankheiten anderer im erweiterten Freundes-, Bekannten- und Familienkreis. Gerade beim letzten Klassentreffen wurde allen bewusst, dass eine ehemalige Mitschülerin kürzlich an einem fortgeschrittenen Hautkrebs verstorben war. Natürlich hatte auch jeder sofort eine Erklärung dafür: Die Verstorbene sei ja auch immer lange in der Sonne gewesen, die Mutter hatte doch auch Krebs usw. Ja, ja, die armen Kinder. Vielleicht bekommen die ja auch mal eine bösartige Erkrankung. Die Diskussion ging den ganzen Abend hin und her, bis jemand den Namen „23 and Me" nannte. Natürlich erinnerten sich die meisten noch an ihren Biologieunterricht und daran, dass es 23 Chromosomen gibt, auf denen die gesamte genetische Information, die DNA verstaut ist. Am nächsten Tag googelte Sabine diesen Namen und beschloss den entsprechenden Test zu machen.

Was ist denn nun „23 and Me"? Dies ist in der Tat ein Unternehmen, das für ein paar hundert Dollar die DNA desjenigen untersucht, der einen Wattestab mit der persönlichen DNA nach einem Wangenabstrich in das Labor des Unternehmens schickt (so wie Sie es von der Spurensicherung aus einem Fernsehkrimi kennen). Nach einiger Zeit erhält derjenige dann Informationen über seinen ethnischen Hintergrund, d. h. die mögliche Abstammung und Ahnen, aber eben auch über das persönliche, genetische Risiko an einer bestimmten Krankheit zu erkranken. Dies Risiko beruht natürlich auf dem Abgleich mit entsprechenden Datenbanken. In der Zwischenzeit geht das Unternehmen sogar noch einen Schritt weiter: Mit Zustimmung der amerikanischen Aufsichtsbehörde FDA gibt es jetzt sogar einen Test, der anhand des genetischen Profils das Ansprechen auf bestimmte Medikamente vorhersagen soll. Einige Experten warnen allerdings, denn der nachhaltige Beweis einer solchen Vorhersage steht noch aus. Überhaupt kann ein solcher Test im Moment nur allenfalls eine „Hilfestellung" bei der Einschätzung eines persönlichen Risikos sein und erfordert die Einordnung der Ergebnisse durch einen auf diesem Gebiet erfahrenen Arzt oder Humangenetiker.

Dieser und ähnliche Tests beruhen auf der Analyse des persönlichen genetischen Datensatzes, man nennt diesen Ansatz auch Genomik. Aber was ist Genomik überhaupt? Im Wesentlichen ist das Genom die Gesamtheit der genetischen Information eines Individuums, die wir zur Hälfte vom Vater und von der Mutter erhalten haben (und die Genomik ist eben die wissenschaftliche Analyse des Genoms). An dieser Stelle verweise ich auch auf einschlägige Lehrbücher zu diesem Thema. Aber es ist unsere Ausstattung an Information, die uns zu dem macht, was wir sind: Alle unsere Proteine, unsere Zellen, unsere Organe, unsere Körpergröße, unsere Augenfarbe – und natürlich auch, an welchen Krankheiten wir vielleicht einmal leiden werden.

Die traditionelle chinesische Medizin (TCM) beschreibt das Lebenspotenzial eines Menschen mit einem Holzhaufen, der im Laufe des Lebens abbrennt. Einige von uns haben nur Fichtenholz, das rasant abbrennt, während andere dagegen mit einem großen Haufen gut abgelagertem Eichenholz ausgestattet sind, das langsam und stetig brennt. Beide Extreme können dennoch durch eine entsprechende Lebensweise die „Brenndauer" ihres Lebens beeinflussen, was am besten funktioniert, wenn man die Eigenarten seines persönlichen „Holzhaufens" kennt. Der eine so, der andere so.

Die Explosion der Daten, der unglaubliche Fortschritt in der Computerbiologie, der Genomik und verwandter Technologien haben riesige Datenmengen geschaffen, dessen Auswertung weit über die Fähigkeiten des Menschen hinausgeht. Lernfähige Systeme, die ja meist auf einer KI beruhen, werden immer häufiger eingesetzt und unterstützen Ärzte dort, wo der Computer den menschlichen Fähigkeiten überlegen ist, z. B. bei der Auswertung von großen Datenmengen und dem Erkennen von Mustern.

Um die Innovationen im Gesundheitswesen durch KI und Cloud-Computing zu beschleunigen, hat z. B. Microsoft letztes Jahr eine Initiative ins Leben gerufen, um Gesundheitsdienstleistern, Biotech- und Pharmaunternehmen und Organisationen wie dem HGP und PGP auf der ganzen Welt dabei zu helfen, KI und die Cloud sinnvoll zu nutzen. Wir alle wollen ein gesundes Leben führen – das Potenzial von KI kann uns dabei helfen, Krankheiten frühzeitig zu erkennen und zu bekämpfen.

Auch wenn die Initiative von George Church Wert legt auf die Nutzung öffentlicher und nichtvertraulicher Daten, so fordern die meisten zu Recht einen sicheren Speicherort für ihre eigentlich sehr persönlichen Genom-Daten. Und dies gilt nicht nur für Privatpersonen bzw. Patienten, sondern auch für forschende und entwickelnde Biotech- und Pharmaunternehmen, die ihre Daten aus klinischen Studien ebenso vor dem Zugriff durch Dritte bzw. die Konkurrenz schützen wollen (vgl. auch ▶ Abschn. 5.2).

Obwohl die Technologie eigentlich für die Verwaltung von Bitcoin-Vermögen entwickelt wurde, so eignet sich der Blockchain-Mechanismus optimal für den sicheren Austausch von Daten. Innovative Unternehmen kombinieren Blockchain und KI mit der Genomik, um eine optimale „Ausbeutung" für Genom-Daten zu schaffen. Auf der einen Seite können Pharmaunternehmen und Diagnostikfirmen diese Daten für Arzneimittelforschungen nutzen, auf der anderen Seite Verbraucher ihre eigenen Gesundheitsdaten, z. B. von ihren „Wearables" oder medizinischen Geräten, live in die Plattform einspielen. Dort werden ihre Daten dann mit den bereits vorhandenen Genom-Daten abgeglichen, um Erkrankungen aufzuspüren (vgl. auch ▶ Abschn. 5.3).

Allerdings ist es nicht nur die Genetik, sondern auch andere verwandte Technologien, die weitergehende Dateninformationen auch für eine Analyse mittels KI bieten. ◨ Abb. 3.1 zeigt einige Beispiele auf, von denen wir ein paar näher betrachten wollen.

Die Epigenomik oder auch Epigenetik beschäftigt sich mit der Kontrolle der Genexpression auf molekularer Ebene durch die Abschwächung oder Verstärkung bestimmter Gene oder Genabschnitte. Konkret heißt das, dass bestimmte Einflüsse auch von außen oder die Einnahme bestimmter Medikamente zu einer Veränderung der produzierten Proteine schon auf Ebene der DNA führen können. Dies können auch Krebszellen nutzen, um einen Wachstums- oder Selektionsvorteil zu bekommen. Epigenetische Veränderungen (dabei handelt es sich überwiegend um die Anlagerung bestimmter Kohlenstoffverbindungen wie Methyl- oder Acetylgruppen

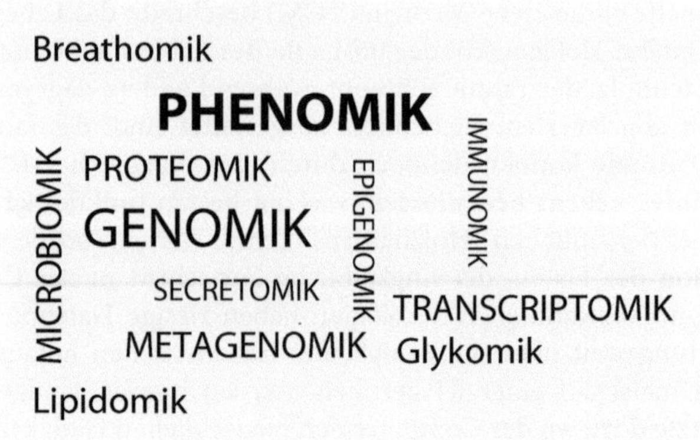

◘ **Abb. 3.1**   Verschiedene, diagnostische und meist molekulare „-omics"-Methoden im Rahmen einer Präzisionsmedizin (Precision Medicine), die in einer zunehmenden Geschwindigkeit und Umfang „Big Data" generieren. Dagegen beschreibt der Begriff Phenomik übergeordnet alle biochemischen und biophysikalischen Eigenschaften, die den charakteristischen Phänotyp einer Krankheit definieren

an die DNA) können wohl auch vererbt werden. So haben skandinavische Forschergruppen gezeigt, dass Enkelkinder die Erfahrungen der Großeltern aus einem Kriegswinter durchaus spüren. Das heißt, dass Enkelkinder körperlich die Entsagungen einer Hungerzeit spüren und eben schneller oder langsamer an Gewicht zunehmen als eine Kontrollgruppe. Andere Wissenschaftler gehen sogar so weit zu vermuten, dass man die epigenetische Kontrolle des eigenen Genoms willentlich beeinflussen kann, denn Glückshormone oder auch Stressfaktoren können diejenigen Enzyme beeinflussen, die die DNA mit den Methyl- oder Acetylgruppen öffnen bzw. schließen.

Es gibt zahlreiche weitere Ansätze, um das Krankheits- aber auch Lebensrisiko entweder grundsätzlich oder unter bestimmten Bedingungen, z. B. bei einer chronischen Erkrankung, abschätzen zu können. Das Transkriptom ist die Summe aller RNA-Moleküle einer Zelle oder eines Gewebes und wird mittels Genexpressionsanalyse bestimmt. Während die DNA das gesamte genetische Potenzial beschreibt und dort z. B. auch Mutationen, d. h. umschriebene oder größere Veränderungen mithilfe einer Sequenzierung gefunden werden können, beschreibt die Gesamt-RNA das Informationspotenzial für alle Eiweißmoleküle, die für die Funktion und den Aufbau eines Organismus wichtig sind, aber ebenso für die Abwehr von Krankheitserregern durch die Produktion von Antikörpern oder immunlogischen Botenstoffe.

Die Gesamtheit dieser Eiweißmoleküle ebenso innerhalb einer Zelle oder eines Zellverbandes oder sogar eines ganzen Organismus wird als Proteom bezeichnet. Beim Menschen geht man davon aus, dass es ca. 500.000 bis zu einer Million unterschiedliche Proteine im Laufe des Lebens gibt – das alles auf der Basis von ca. 23.000 Genen im Genom. Diese Optimierung geschieht durch eine Vielzahl von verschiedenen molekularen Regulationsmechanismen (Stichwort: Splicing), um eine maximale und für die Funktion der Zelle oder des Gewebes optimale Ausbeute an Eiweißmolekülen zu erreichen.

Auf jeden Fall wird an dieser Stelle deutlich, dass eine Analyse dieser komplexen biologischen Zusammenhänge und der möglichen Veränderungen im Vorfeld und im Verlauf einer Erkrankung ohne oder auch unter Therapie ohne eine intelligente Unterstützung kaum möglich ist. Der Mensch besitzt mehr als 3×10^9 Basenpaare aufgeteilt auf mehr als 20.000 Gene und verteilt auf 23 Chromosomenpaare. Manchmal sind es nur winzige Veränderungen, die fatale Auswirkungen auf den Einzelnen haben können. So versucht man heute unter dem Begriff „Systembiologie" die Gesamtheit eines Organismus zu verstehen – etwas, das meist nur durch Computersimulationen und Heuristiken und der Anwendung von KI bei diesen sehr großen und nicht immer vollständigen Datenmengen gelingt. Gerade die Systembiologie oder Systemmedizin funktioniert an der Schnittstelle von Medizin, Biologie, Mathematik und Physik. Der erfolgreiche Abschluss des HGP und die Einführung des Internets sowie die allgemeine Verfügbarkeit von schnellen Rechnern erlauben eine Hypothesen-getriebene wie auch Hypothesen-freie Modellierung biologischer Funktionen und möglicher Therapien. Durch die Verfügbarkeit weiterer umfangreicher „-omics"-Datenbanken einschließlich Sekretomik, Lipidomik, Glykomik, Microbiomik usw. (vgl. ◘ Abb. 3.1) entstehen weitere Hypothesen und Netzwerkmodelle, die voraussichtlich nur mithilfe einer lernenden KI analysiert und verstanden werden. Auf jeden Fall kann so eine weiterführende Risikoabschätzung für das Eintreten einer Erkrankung bzw. den Verlauf einer Krankheit unter einer bestimmten Therapie getroffen werden. Dies erfordert allerdings einen möglichst vollständigen Informations- und Datensatz, aus dem ein Zusammenhang zwischen Input („-omics"-Profil) und Output (Krankheit und/oder Therapieerfolg) hergestellt werden kann.

Im folgenden Kapitel besprechen wir das Thema Phenomik, das eigentlich die Gesamtheit aller genetischen und sonstigen „-omics"-Einflüsse auf einen Organismus oder Gewebe zumeist als deren äußere Erscheinungsform mit teils funktionellen Eigenschaften beschreibt. So gehören die Beurteilung der äußeren Beschaffenheit eines Organs oder Gewebes und die Begutachtung möglicher Funktionsverluste oder deren Veränderungen zum Hauptaufgabengebiet eines Pathologen.

3.3 „Wie schlimm ist es?" – Intelligente Daten für den Arzt und Pathologen

Eine Hauptfrage in der Medizin war und ist immer: „Wie schlimm ist es?". Diese Frage geht vom Patienten bzw. den Angehörigen an den behandelnden Hausarzt oder Spezialisten, die diese dann an den diagnostisch tätigen Arzt (z. B. Laborarzt, Pathologe, Humangenetiker) weitergeben. Im Gegensatz zum vorherigen Kapitel beschreiben wir hier nicht ein allgemeines Risiko einer Erkrankung, sondern begutachten die individuelle Erkrankung des jeweiligen Patienten.

Eigentlich war es ganz einfach und nur ein weiterer Routinefall. Die klinische Anamnese passte und auch bei den folgenden Untersuchungen beim Facharzt bestätigte sich der Befund eines generalisierten Lymphknotenkrebses (Lymphom). Nun, das war in diesem Alter nicht so ungewöhnlich und der Patient Dr. Huber, früher selbst als niedergelassener Arzt tätig, war ebenso optimistisch wie sein behandelnder Arzt, ein Professor am Universitätsklinikum. Dieser hatte sich den Befund zusammen mit dem Chef der Pathologie per Mikroskop selbst angeschaut und sich im Tumorboard mit den übrigen Kollegen auf die Standardbehandlung nach nationalen und internationalen Leitlinien geeinigt. Dennoch sprach die klassische und zunächst empfohlene Chemotherapie nicht an bzw. nach kurzer Zeit wurden die Lymphknoten wieder größer. Eine erneute und eine erweiterte Begutachtung der Histologie zeigte eine leicht veränderte Morphologie. Entsprechende genetische Untersuchungen mithilfe der Molekularpathologie bestätigten eine Translokation eines Genabschnitts von einem Chromosom auf ein anderes, was dann quasi wie eine Art „Turbolader" auf das Wachstum von Krebszellen wirkt. Weitere Auswertungen aller nun verfügbaren Daten unter Zuhilfenahme auch einer digitalen Bildanalyse ergaben dann ein besseres Verständnis der persönlichen Krebserkrankung von Herrn Dr. Huber.

Dem Pathologen kam und kommt besonders in der Diagnose bösartiger Erkrankungen eine besondere Rolle zu. Im Wesentlichen gibt es keine Therapie in der Krebsmedizin, ohne dass ein Pathologe die Diagnose und das Ausmaß der Erkrankung an dem ihm vorliegenden Material bestätigt hat.

Die Pathologie ist sicherlich neben der Chirurgie eines der ältesten Fächer in der Medizin und basierte über Jahrhunderte auf tradierten Erfahrungen über das Aussehen und die Form von gesundem gegenüber krankem oder gar bösartigem (Krebs) Gewebe. Es gibt wohl kein medizinisches Fach, das so beflissen die Objekte ihrer Studien konserviert und auch sogar in der Öffentlichkeit ausstellt. Die pathologisch-anatomischen Sammlungen in Wien, Berlin oder Edinburgh sind ein Panoptikum von verschiedenen Krankheiten im Laufe der Jahrhunderte. Die Pathologie („Lehre von den Leiden") hat schon seit dem Altertum die auffälligen und augenfälligen Veränderungen zunächst bei der äußeren und inneren Leichenschau beschrieben und so Rückschlüsse auf die mögliche Ursache von Erkrankungen oder gar die Todesursache gezogen.

Mit der Erfindung und Weiterentwicklung des Mikroskops war es möglich, immer tiefer in die Details eines Organs und eines Gewebes einzudringen. Zellen wurden ebenso sichtbar wie auch weitere Strukturen, z. B. der Zellkern oder das Material zwischen den Zellen. Es war der berühmte Berliner Pathologe Rudolf Virchow, der 1855 das Postulat aufstellte: *„Omnis cellula e cellula"*, also jede Zelle geht aus einer anderen Zelle hervor. Dieser Satz revolutionierte damals die Sichtweise auf die mögliche Entstehung von Krebserkrankungen, aber es dauerte ja noch weitere 100 Jahre bis zur Entdeckung der DNA durch Watson und Crick (1953) (keine Genomik ohne DNA) und der Herstellung der ersten monoklonalen Antikörper durch Milstein, Jerne und Köhler 1975. Durch die Entwicklung der Antikörpertechnologie wurde es nun möglich, viel genauer und spezifischer die Eiweißzusammensetzung auch auf normalem und im Vergleich dazu Krebsgewebe zu untersuchen und somit Rückschlüsse auf die Ursache und eine mögliche Therapie ziehen zu können.

In unserem Beispiel von Dr. Huber fand sich überwiegend ein Protein mit dem Namen CD20 auf den Krebszellen. Neben einer charakteristischen Morphologie klassifizierte es das Lymphom zu einem sogenannten B-Zell-Lymphom und gab auch Hinweise auf die statistische Prognose und mögliche Therapie.

Wichtig für die Beurteilung einer Krankheit durch den Pathologen ist die möglichst vollständig erhaltene Morphologie z. B. eines Tumors, d. h. die mit dem Auge oder Mikroskop sichtbare Phänomenologie des Gewebes. So lassen sich durch den erfahrenen Experten Rückschlüsse auf den Ursprung der Erkrankungen und auch eine mögliche Bösartigkeit ziehen. Ein Dickdarmkrebs sieht anders aus als ein Leberkrebs oder eine maligne Erkrankung des Blut- und Lymphsystems.

Dennoch enthält jede Zelle, ob gut- oder bösartig, natürlich auch alle anderen Informationen zum Genom, zur Epigenetik oder auch dem Transkriptom, d. h. dem Expressionsmuster relevanter (Krebs)Gene. Diese Informationen (vgl. auch ► Abschn. 3.2) können aus den Zellen isoliert und aufwendig analysiert werden. Zwar verliert das Gewebe dann seine morphologische Integrität, aber im Kontext mit der feingeweblichen (histomorphologischen) Information ergeben sich daraus weitere und wichtige Anhaltspunkte auch über den möglichen Krankheitsverlauf und sogar erste Hinweise auf eine krebsspezifische Therapie. Dieses Teilgebiet nennt man auch molekulare Pathologie. Diese kam auch im Fall von Herrn Dr. Huber zum Einsatz, bei dem ja eine sogenannte Translokation von bestimmten Genabschnitten auf ein fremdes Chromosom festgestellt wurde.

Neueste Forschungen haben aber gezeigt, dass nicht nur die Beschreibung der Zellen im Gewebe oder die Auflistung von veränderten Molekülen oder Genen eine wichtige Rolle in der Beurteilung der Erkrankung spielen, sondern auch die räumliche Beziehung der vielen unterschiedlichen Zellen im Tumor und im umgebenden Gewebe zueinander. Dies lässt sich vielleicht in ◘ Abb. 3.2 veranschaulichen: In **a** erkennt jeder den Fußball, der aber durch den Zusammenhang mit Messer und Gabel in **b** eine weitere oder andere Bedeutung bekommen kann, ebenso wie in **c**.

Gleichermaßen und in Analogie dazu bedeutet dies für die pathologische Begutachtung der meisten Krebsgewebe, dass es einen relevanten Unterschied macht, wie die vielen tausenden, teilweise völlig unterschiedlichen Zellen räumlich zueinander stehen: Krebszellen, Blutgefäße, Killerzellen (T-Zellen), Gedächtniszellen (Memory-Zellen),

◘ **Abb. 3.2** Bestimmte Formen oder Informationen verändern ihren Informationsgehalt in unterschiedlichen Zusammenhängen. **a** Der Fußball allein ist am ehesten nur ein 3-dimensionaler Gegenstand des Fußballspiels. **b** Ist die runde Form des Fußballs umgeben von Messer und Gabel, so kann es auch die Funktion eines Esstellers haben. Verwirrend ist auf den ersten Blick allerdings die Morphologie (wir sind meist einfarbige Teller oder mit Blümchenmuster gewohnt). Diese schließt aber eine neue Funktion durch den neuen Zusammenhang (Kontext) nicht aus. **c** Andere Zusammenhänge bei gleichbleibender Morphologie (schwarzweißer Ball) ergeben wieder neue Informationen. Ungewöhnlich ist auch hier die ballartige Struktur der Räder, aber die Funktion des Autos bleibt in diesem Zusammenhang dominant

3

regulatorische Zellen (T$_{reg}$), Fresszellen (Makrophagen), antikörperproduzierende Zellen (B-Zellen) usw. Auch für den Laien ist es zweifellos ersichtlich, dass es einen biologischen Unterschied macht, ob wenige Tumorzellen von vielen Killerzellen in unmittelbarer Nähe umgeben sind oder ob wenige Killerzellen noch weit weg von sehr vielen Tumorzellen sind und es überhaupt nicht sicher ist, ob es jemals zu einem erfolgreichen Kampf zwischen dem Krebs und Immunsystem kommen wird.

Diese dafür erforderliche, nicht nur qualitative, sondern auch quantitative Beschreibung von Zellen in einem räumlich definierten Gewebe, z. B. einem histologischen Schnitt aus einem Tumor bezeichnen wir als „Tissue Phenomics" und die Interaktion zwischen Krebs- und Immunzellen wird etwas flapsig auch „battlefield" (Schlachtfeld) genannt. Auf jeden Fall erlaubt Tissue Phenomics die Anwendung einer schwachen und starken KI, um noch bessere und tiefer gehende Aussagen über die Prognose von Krankheiten wie z. B. Krebs zu machen.

Voraussetzung für „Tissue Phenomics" und andere quantitative Bild- und Datenanalysen von Tumorgewebe ist jedoch die vollständige Digitalisierung der histologischen Schnitte des Gewebes und die Anwendung von computerunterstützten Methoden, da auch der erfahrenste und beflissenste Pathologe mit der Gesamtheit der heute verfügbaren Daten in ihrer Vielfalt und Abhängigkeit voneinander (im Sinne einer Systembiologie) immer mehr überfordert wird. Dies wird in der Literatur „Computational Pathology" oder „Digitale Pathologie" genannt.

Begonnen hat die Digitale Pathologie mit der Entwicklung der Telepathologie zunächst in Arizona (USA), um dort entlegene Orte wie Flagstaff an die diagnostischen Fähigkeiten der Universität in Tucson anzubinden oder die erste Kombination aus einem Farbvideo (zur getreuen Wiedergabe der histologischen Bilder) und Robotermikroskop zwischen El Paso in Texas und der amerikanischen Hauptstadt an der Ostküste der USA. Im weiteren Verlauf entstanden weltweit viele virtuelle Plattformen und elektronische Expertenberatungssysteme. Die Telepathologie oder auch die Telemedizin entwickelte sich parallel mit der Verfügbarkeit des schnellen Internets, Möglichkeiten einer umfangreichen Datenspeicherung, Cloud- bzw. Web-basierten Lösungen und dem Zugang zu Hochleistungsrechnern. Heute sehen viele darin eine Möglichkeit, dass bisher weniger entwickelte Regionen, wie in Afrika oder Gegenden in Asien, schneller Anschluss finden an die Chancen einer modernen Diagnostik und Medizin. Andere Möglichkeiten der Nutzung solcher digitalen Plattformen sind das sogenannte „Digital Archiving" und die weltweite Ausbildung von Fachexperten wie Pathologen, die somit immer auf dem neuesten Stand des Wissens sind.

Auch die akademische und kommerzielle Forschung verwendet zunehmend digitale Plattformen und KI, um noch mehr Informationen („Big Data") auch aus dem Gewebe zu gewinnen und diese in den größeren Kontext mit verfügbaren Röntgenbildern, einer Genexpression und anderen „-omics" und der individuellen Patientenhistorie stellen.

Auch wenn es vielen Pathologen immer noch nahezu frevelhaft erscheint, die morphologische Einheit eines Gewebestücks, z. B. einer winzigen Biopsie aus dem Krebsgewebe, in ihrer vollständigen Intaktheit bzw. der erhaltenen morphologischen Integrität zu zerstören, so wird in der Zukunft die Kombination aus einer sorgfältigen und quantitativen Beschreibung der Histologie **und** die intelligente Analyse aller in einer Zelle und Gewebe enthaltenen Informationen zu den intelligenten Daten führen, die uns noch mehr über das individuelle Risiko und auch die therapeutischen Möglichkeiten für den einzelnen Patienten mitteilen werden.

3.4 Und jetzt? – Biomarker: Daten mit Konsequenz

Viele persönliche Fragen von Patienten an den Arzt nach einer schwierigen Diagnose lauten zu recht „Wie schlimm ist meine Erkrankung?" und vor allen Dingen: „Was jetzt?" Diese und ähnliche Nachfragen sollen heute möglichst in Echtzeit, umfassend und detailliert aus der Gesamtheit aller verfügbaren Daten beantwortet werden. Die erzwungene Untätigkeit während des Wartens auf die relevanten Ergebnisse auf beiden Seiten, d. h. die Ungewissheit sowohl beim Patienten als auch beim Arzt bis zum Eintreffen der notwendigen Informationen für eine Therapieentscheidung, wird gerade heutzutage zunehmend weniger akzeptiert. Die Möglichkeit, dass wir uns über alles und jeden und zu jeder Zeit informieren können, online austauschen und 24/7 einkaufen können, erweckt gleichartige Erwartungen in allen Bereichen des Lebens und auch in der Medizin.

Dr. Tschechow ist ein sehr erfahrener Arzt und hatte schon vielen Patienten im Laufe seines Berufslebens geholfen, aber dieses Krankheitsbild war auch für ihn neu. Nun, das gibt es natürlich immer wieder, denn man kann auch als Arzt mit mehr als 25 Jahren Erfahrung in der täglichen Praxis nicht alles wissen und auch nicht schon alles gesehen haben. Aber üblicherweise ahnt man ja meist durch Ausschluss oder Vergleich mit bekannten Krankheiten die Richtung. Aber in diesem Fall führte auch eine Histologie aus dem entnommenen Gewebe und die Untersuchung des Patientengenoms nicht auf die Spur des Krankheitsbildes und alle bisherigen Therapien blieben erfolglos. Also stand weiterhin die Frage im Raum: „Was jetzt?".

Nun war Dr. Tschechow kürzlich auf einem internationalen Kongress gewesen und hatte dort einen Vortrag eines Kollegen gehört, der einen neuartigen Ansatz mithilfe der KI vorgestellt hatte. So wie Dr. Tschechow sich erinnern konnte, kam dieses neuartige Verfahren zunächst völlig ohne eine Hypothese aus. Das hatte wohl damit zu tun, dass die beschriebene „Phänomenologie" dieser Erkrankung (also alle verfügbaren Daten aus der Vorgeschichte des Patienten, den Laborwerten, der Histologie usw.) abgeglichen werden sollte mit allem, was in einer riesigen Datenbank schon vorhanden ist – quasi wie ein Finderabdruck und ohne dabei bestimmte Krankheiten und deren erfolgreiche Therapien von vornherein auszuschließen. Dies geschah mithilfe der KI und zwar an der Schnittstelle zwischen Diagnose und Therapie. Dr. Tschechow fand im Internet einen Webcast von dem besagten Kollegen, der den Vortrag auf dem Kongress gehalten hatte und schickte ihm eine Email mit dem klinischen Problem. Der Kollege antwortete nahezu prompt und bat Dr. Tschechow, alle Daten über einen Link in eine sichere Cloud zu laden. Schon am nächsten Tag erhielt Dr. Tschechow einen umfassenden Bericht des Kollegen mit klaren Therapieempfehlungen.

Was Dr. Tschechow in diesem Fall angewendet hat, nennt man auch Theranostik, eine enge Verbindung zwischen Diagnostik und Therapie, die zunehmend durch intelligente Systeme wie einer KI auf der Basis großer Datenmengen unterstützt und weiterentwickelt wird. Ziel der Theranostik ist es, für den individuellen Patienten

3

zum richtigen Zeitpunkt die richtige Therapie in der richtigen Dosierung zu finden. Ein anderes, inzwischen häufiger benutztes Synonym ist Personalisierte Medizin oder „Precision Medicine". Alle diese Ansätze sind auf der Suche nach prognostischen oder prädiktiven Biomarkern, d. h. Parametern im Blut, Gewebe, Urin, Stuhl usw., die eine verlässliche Vorhersage des individuellen Krankheitsverlaufs (Prognose) oder dem Ansprechen auf eine bestimmte Therapie mit möglichst wenig Nebenwirkungen (Prädiktion) erlauben.

Wie Dr. Tschechow stellt der behandelnde Arzt üblicherweise die Diagnose anhand der beschriebenen Symptome und der Vorgeschichte des Patienten. Unterstützt wird er dabei durch spezifische Laboruntersuchungen einschließlich Röntgenbefunden (falls erforderlich) oder auch den Bericht des Pathologen (falls Gewebe entnommen wurde). Nachdem alle Informationen zusammengetragen wurden, wird die Therapie eingeleitet, meist unter Zuhilfenahme sogenannter Leitlinien der zuständigen Fachgesellschaften. Diese werden regelmäßig von Expertengremien überarbeitet und dienen häufig auch als Grundlage einer Erstattung durch die Krankenkassen nach intensiven und vergleichenden Beratungen über den Nutzen und Mehrwert einer Therapie. Denn nur was nachweislich hilft, soll auch bezahlt werden. Der Erfolg einer begonnenen Therapie wird klassischerweise meist erst später durch das Verschwinden der Symptome bestimmt oder wahrscheinlich vermehrt in der Zukunft durch das Überleben der immer noch vorhandenen Krankheit mit einer relativ guten Lebensqualität.

◘ Abb. 3.3 zeigt die wesentlichen Schritte bzw. Konsequenzen einer Personalisierten Medizin vom Symptom des Patienten bis hin zu einer erfolgreichen Therapie. Eine Hoffnung wäre dabei auch, dass man durch den Nachweis bestimmter Biomarker das Risiko einer Erkrankung frühzeitig abschätzen kann, um präventiv eingreifen zu können (vgl. ▶ Abschn. 3.2) oder auch die Prognose einer schon aufgetretenen Krankheit zu beurteilen, um die notwendige Radikalität der Therapie zu bestimmen (vgl. ▶ Abschn. 3.3).

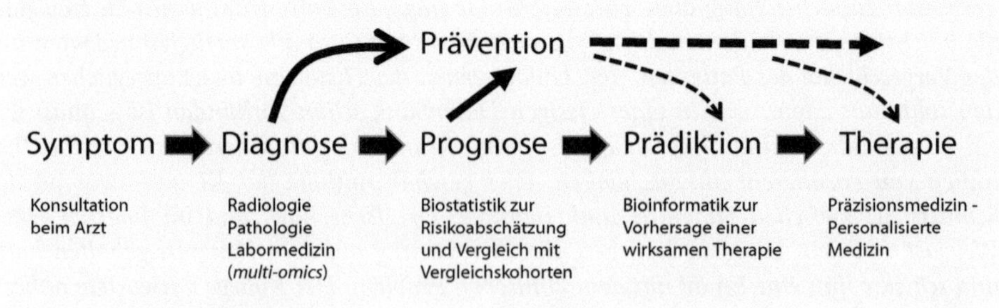

◘ **Abb. 3.3**   Künstliche Intelligenz und die Sammlung großer Daten („Big Data") auch unter Zuhilfenahme von intelligenten und teilweise tragbaren Devices (Schrittzähler, Pulsmesser, tragbare EKGs, REM-Schlafphasen-Device usw.) erlauben neben klassischen Methoden der klinisch-diagnostischen Medizin (Radiologie, Pathologie usw.) eine deutlich verbesserte Abschätzung der individuellen Prognose einer Erkrankung, eine möglicherweise frühzeitigere Intervention und die Auswahl besserer und unmittelbar wirksamen Einzel- und Kombinationstherapien mit einer deutlich geringen Nebenwirkungsrate. Wichtig dabei wäre auch eine aktive Prävention im Fall von bestehenden Risikofaktoren

Wie oben schon kurz erwähnt, sind Biomarker die eigentlichen Werkzeuge der Theranostik. Biomarker sind biologische Merkmale, die objektiv und meist standardisiert im Rahmen etablierter Verfahren, Tests oder Untersuchungen gemessen werden und auf einen normalen biologischen oder krankhaften Prozess im Körper hinweisen können. Bei einem Biomarker kann es sich entweder um Zellen, Gene oder bestimmte Moleküle im Blut, Gewebe, Urin, Stuhl etc. oder auch andere messbare Eigenschaften des Patienten handeln. Der wohl einfachste und bekannteste Biomarker ist die Blutdruckmessung nach Riva-Rocci. Dieses Verfahren kennt jeder vom Besuch beim Arzt, wenn der Blutdruck entweder manuell oder automatisch gemessen wird. Ist der Blutdruck länger und anhaltend zu hoch, verschreibt der Arzt ein entsprechendes Medikament oder eine Kombination von Medikamenten und erfährt anhand des Blutdruckverlaufs unter Therapie und über einen längeren Zeitraum, ob die Therapie wirksam ist. Ein anderer Biomarker ist die Messung von Zucker im Blut oder Urin bei Diabetikern. Auch hieran orientiert sich der Arzt und Patient über den Erfolg der Therapie mit Insulin (oder anderen therapeutischen Maßnahmen wie zunächst eine Gewichtsabnahme und vermehrte körperliche Aktivität) und auch deren notwendige Dosierung.

Nun sind dies ziemliche einfache und wenig aufwendige Verfahren zur Bestimmung von effektiven Biomarkern und benötigen im Wesentlichen keine Unterstützung durch intelligente Lösungen wie einer KI. Wenn man sich allerdings darum bemüht, weltweit alle Patienten mit Bluthochdruck oder Diabetes vergleichend zu untersuchen und bestimmte prognostische oder auch prädiktive Informationen für die beste Therapie zu bekommen, bleibt einem wohl kaum ein anderer Weg übrig.

Ähnliches gilt auch bei allgemein verfügbaren und preiswerten Medikamenten. Wir alle haben unsere eigene Präferenz von Schmerzmitteln, wenn wir Kopfschmerzen haben. Die meisten von uns haben dies in der Vergangenheit einfach ausprobiert und wissen inzwischen, was einem persönlich am besten hilft. Im schlimmsten Fall gehen die Kopfschmerzen auch mit einer Therapie nicht weg und dann können wir immer noch entweder die Dosis erhöhen oder das Medikament wechseln. Leidet aber der Kopfschmerzpatient gleichzeitig z. B. an einem Enzymdefekt oder einem Leber- oder Nierenschaden, sollte man doch den Arzt fragen, welches Schmerzmittel geeignet ist bzw. nicht schadet.

Entscheidend dagegen ist die Auswahl der richtigen Medikamente und möglicherweise die Untersuchung von Biomarkern, falls eine falsche Therapie drastische Nebenwirkung haben kann oder eine Therapie möglichst schnell und effektiv helfen muss, wie z. B. bei Krebs. So war der erste klinisch eingesetzte Biomarker die Bestimmung des Proteins Her2/NEU auf dem Krebsgewebe von Patientinnen mit Brustkrebs, die dann eine Therapie mit dem monoklonalen Antikörper Trastuzumab (Herceptin®) erhalten haben. Da eine solche Therapie mehrere zehntausend Euro pro Jahr kosten kann und gleichzeitig keine alternative Chemotherapie oder Bestrahlung gegeben wird, will man möglichst sicher sein, dass das Medikament der jeweiligen Patientin auch tatsächlich hilft. Denn falls man der Patientin ein nicht wirksames Krebsmedikament gibt bzw. eine möglicherweise effektivere Therapie zeitgleich vorenthält, kann dies lebensbedrohliche Konsequenzen haben, da der Krebs in dieser Zeit wachsen und auch streuen (metastasieren) kann. Gleichzeitig wird ein teures, unwirksames Medikament erstattet, was zulasten der privaten Krankenkasse bzw. der Solidargemeinschaft geht.

Auch bei chronischen Erkrankungen, zu deren Behandlung der Patient möglicherweise jahrelang Medikamente mit entsprechenden Nebenwirkungen einnehmen muss, ist die sichere Diagnose der Erkrankung essenziell. Auch hier gewinnen Biomarker mehr und mehr an Bedeutung, denn sie können eine schwierige Diagnose absichern oder sie sogar erst ermöglichen.

Nun ist die Forschung an Biomarkern zwar ebenfalls aufwendig, allerdings doch nicht so teuer wie die eigentliche Entwicklung von modernen Arzneimitteln bis hin zur Zulassung. Im Gegenteil, Biomarker können und sollen helfen, die Arzneimittelforschung effektiver und erfolgreicher zu gestalten. Deshalb nutzen die Biotechnologie- und forschenden Pharmaunternehmen zunehmend sogenannte „Companion Diagnostics" oder „Complimentary Diagnostics", d. h. eine Kombination aus Biomarker und Therapeutikum, um die Wirkungen und Nebenwirkungen ihrer neuen oder auch etablierten Medikamente frühzeitig zu erkennen und ggf. sogar deren Entwicklung oder Einsatz bei bestimmten Patientengruppen zu stoppen. Die Erfahrungen der Vergangenheit haben gezeigt, dass manche Medikamente bei einer bestimmten Diagnose helfen, bei einer anderen dagegen sogar sehr schädlich sein können. Dies bringt uns zurück zu den beiden vorherigen Kapiteln, in denen beschrieben wurde, wie komplex die Datenmenge und die biologischen Zusammenhänge sein können. Durch das zunehmende wissenschaftliche Verständnis von molekularen und biochemischen Details und deren teilweise unterschiedlichem Zusammenwirken beim individuellen Patienten führt auch hier kein Weg um die Anwendung von Lösungen wie einer KI herum. Wie sonst kann man sich vorstellen, die vielen Variablen innerhalb eines einzelnen Menschen vor dem Hintergrund eines riesigen Datenvolumens von weltweit durchgeführten Studien zu verstehen, einzuordnen und die richtige Therapie auszuwählen?

Im nächsten Kapitel werden nun noch die vielen innovativen Therapiekonzepte der Gegenwart beschrieben, die wahrscheinlich die größte Wirkung in einer Kombination miteinander oder in der richtigen zeitlichen Abfolge entwickeln können.

4

Therapie mit Erfolg und ohne Nebenwirkungen

© Springer-Verlag GmbH Deutschland, ein Teil von Springer Nature 2019
R. Huss, *Künstliche Intelligenz, Robotik und Big Data in der Medizin*,
https://doi.org/10.1007/978-3-662-58151-3_4

4.1 Es bringt mich nicht mehr um – Intelligente Therapien

Edda war niedergeschlagen, aber nicht schockiert. Bisher waren alle regelmäßig durchgeführten Tests und Untersuchungen bei der jetzt 45-Jährigen negativ geblieben. Von einem gehäuften Auftreten von Krebserkrankungen in ihrer Familie wusste Edda nichts und ihre Ärztin ebenso nicht, das Gleiche galt für bestehende Risikofaktoren. Edda hatte nur in ihrer Jugend etwas geraucht und auch der Genuss von Alkohol hielt sich immer in Grenzen. Im Gegenteil, sie versuchte sich meist gesund und von biologisch angebauten Nahrungsmitteln zu ernähren, möglichst wenig Fleisch zu essen, aber gleichzeitig auf die regelmäßige Aufnahme von Gemüse, Obst und Ballaststoffen zu achten. Trotzdem hatte es sie jetzt „erwischt". Bei der letzten Routinekontrolle war der Befund plötzlich „positiv", d. h. dass sie jetzt „Krebs hatte". Trotzdem war ihre Ärztin optimistisch. Sie sprach von völlig neuen Ansätzen, besonders von Immun- und Kombinationstherapien, die exakt für ihren Krebs aufeinander abgestimmt werden. „Das kann ich mir bestimmt nicht leisten", dachte Edda und machte sich gleichzeitig mehr Sorgen um ihre noch heranwachsenden Kinder und den zumeist ohne sie „hilflos" erscheinenden Ehemann als um sich selbst. Sie hatte ein ähnliches Schicksal in ihrem Freundeskreis erlebt und die noch junge Frau war innerhalb von 6 Monaten nach der Diagnose verstorben. Die Ärztin schien ihre Gedanken zu erraten: „Sie werden noch Ihre Enkelkinder großziehen", versuchte sie zu beruhigen und nannte Schlagworte wie „Personalisierte oder Präzisionsmedizin". „Wir machen jetzt einen individuellen Plan nur für Sie", ging der Satz weiter, „allerdings müssen wir erst noch ein paar weitere Untersuchungen machen, dann wissen wir genau, was das Beste für Sie ist!".

In der Behandlung von Krebserkrankungen bei Patienten aller Altersgruppen sehen wir in den letzten Jahren eine Revolution und das therapeutische Paradigma verschiebt sich von der Behandlung des betroffenen Organs oder Organsystems hin zur Behandlung der biologischen Eigenart einer Erkrankung mit all ihren Besonderheiten. So wird auch der Krebs im Allgemeinen als eine Systemerkrankung betrachtet, die sich zwar möglicherweise in einem Organ manifestiert, aber vielleicht eine weiterreichende Ursache hat mit eindeutigen therapeutischen Konsequenzen. Natürlich hat der langjährige Kettenraucher im Vergleich zum Nichtraucher eine viel größere Wahrscheinlichkeit Lungen- oder Kehlkopfkrebs zu bekommen, aber es stellt sich die Frage, warum nicht alle Raucher diesen Krebs bekommen und warum es diesen Krebs eben auch bei „militanten" Nichtrauchern gibt. Dahinter stecken auch „die Gene". Wir haben in den vorherigen Kapiteln gelesen, dass „die Gene" und viele andere genabhängige und teilweise auch -unabhängige biologische Vorgänge in einer Zelle oder in einem Gewebe deutlichen Einfluss auf unsere gesamten „-omics" haben, d. h. die Gesamtheit unser menschlichen Funktionalität beeinflussen (vgl. auch ◨ Abb. 3.1). Diese sind größtenteils als Biomarker messbar, so auch bei Edda.

Schon vier Tage später saß Edda jetzt mit ihrem Ehemann wieder bei ihrer Ärztin und sie besprachen die Ergebnisse, die in der Zwischenzeit alle eingetroffen waren. Die Ärztin wirkte souverän und zuversichtlich, begann aber das Gespräch mit dem Satz: „Die Auswertung aller ihrer Daten zeigt eine sehr gute und vielleicht eine nicht ganz so gute Nachricht". Was sie damit meinte, erläuterte die Ärztin dann gleich im nächsten Satz. „Ein Teil ihrer Krebszellen zeigt eine typische genetische Veränderung, die meist zu einem schnelleren Wachstum führt. Das ist normalerweise nicht gut, aber in diesem Fall haben wir genau dafür eine wirksame Therapie. Das gilt auch für die restlichen Krebszellen, für die es eine etwas andere Therapie gibt. Wenn wir beide nun intelligent miteinander kombinieren, sieht es sehr gut für Sie aus und die Krankheit sollte Sie auch in Ihrem täglichen Leben kaum oder gar nicht einschränken". Edda war verblüfft und erleichtert. Damit hatten weder sie noch ihr Ehemann gerechnet.

Während es vor ca. 20 Jahren fast nur „chemische" Medikamente gab (sieht man mal von einer Serumtherapie, den ersten erfolgreichen Impfungen und naturheilkundlichen und homöopathischen Ansätzen ab), gibt es seitdem ein zunehmend breiteres therapeutisches Repertoire. So waren es zunächst die monoklonalen Antikörper (allgemein auch „Biologics" genannt), die neben den „kleinen Molekülen" („small molecules") besonders die moderne Krebsmedizin mit neuen Waffen ausgestattet haben und vielfach auch zielgerichtet bei individuellen Erkrankungen präzise eingesetzt werden können. Ziel ist dabei nicht mehr unbedingt die vollständige Heilung, sondern eher ein chronischer Zustand bei akzeptablem Allgemeinbefinden. Für viele ist der Kampf gegen Krebs natürlich eine Schlacht auf Leben und Tot und das spiegelt sich immer noch in unserer Sprache wider. Der ehemalige US-Präsident Richard Nixon verkündete in den 1970er Jahren „the war against cancer" und einige Antikörper tragen heute als Medikament sogenannte „war heads". Das sind Gifte, die von solchen biologischen Marschflugkörpern (eben von den spezifischen Antikörpern) wie von ferngesteuerten Drohnen ihre tödliche Wirkung punktgenau im Körper nur in den Krebszellen entfalten sollen (möglichst ohne „zivile" Opfer, d. h. gesunde Zellen sollen verschont werden).

Allerdings hat sich der Sprachgebrauch auch in der Politik im Hinblick auf die Medizin der Zukunft an die neuen Herausforderungen angepasst. Präsident Obamas Vizepräsident Joe Biden verkündete 2017 das sogenannte „Moonshot Programm", für das der Kongress unter der damaligen Regierung reichlich finanzielle Mittel zur Verfügung stellte. Ziel war es mehr Menschen auch mehr innovative Krebstherapien zur Verfügung zu stellen, und gleichzeitig auch die Früherkennung und die Krankheitsprävention (Vorbeugung) zu unterstützen.

Im Moment gibt es mehr als 200 zugelassene Wirkstoffe gegen Krebs in ganz unterschiedlicher Form und auch zu sehr unterschiedlichen Kosten (nicht berücksichtigt sich natürlich chirurgische Maßnahmen oder auch die Bestrahlungstherapie = Radioonkologie). Mindestens weitere 1200 Medikamente sind in der klinischen Prüfung.

◨ Abb. 4.1 zeigt ein paar Beispiele für solche Therapien, die von Impfansätzen (z. B. erfolgreich eingesetzt bei der HPV-Impfung zur Vorbeugung von Gebärmutterhalskrebs) über Stammzelltherapien und der genetischen Veränderung von bestimmten Zellen (die Methode des Gen-Editings wird auch CRISPR/Cas genannt) bis hin zu einer Immuntherapie mittels Antikörpern oder optimierten Immunzellen, den sogenannten CAR-Ts (Chimeric Antigen Receptor on T-cells) reicht. Diese Liste kann nicht vollständig sein, denn mit zunehmendem Verständnis von Krankheiten und auch durch die Anwendung von intelligenten Lösungen im Bereich der Systembiologie entstehen auch immer wieder neue und großartige Ideen für mögliche neuartige Behandlungsformen.

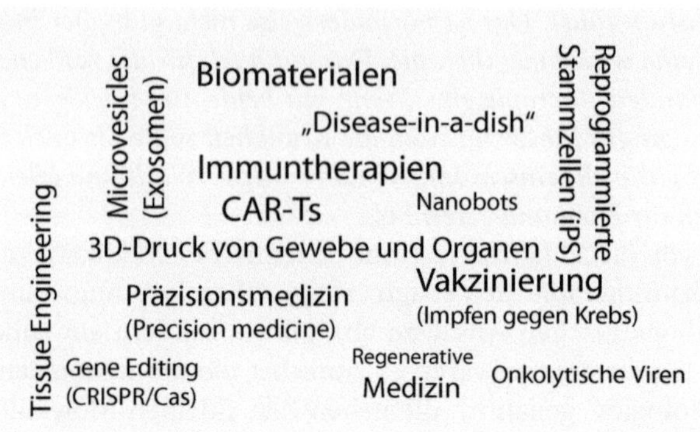

⬛ Abb. 4.1   Einige Beispiele von innovativen Therapien, die im Moment teilweise noch experimentell bzw. im Rahmen von Studien zur Verfügung stehen. Aufgrund der teilweise immer noch sehr hohen Kosten unterstützen KI-Lösungen auch hier die Entwicklung und das richtige Studiendesign mit dafür geeigneten Patienten. Für die Entwicklung und schon erfolgreiche Anwendung von Immuntherapien wurde 2018 der Nobelpreis für Medizin vergeben

Auch bei Edda fiel die erste Wahl auf eines der neuen Medikamente, die das körpereigene Immunsystem gegen den Krebs (egal an welcher Stelle im Körper) aktivieren soll – eine neue Therapieform, die 2018 mit dem Nobelpreis für Medizin geehrt wurde. Diese Ansätze sind teilweise aber unterschiedlich, so z. B. durch die Blockade einer immunologischen Bremse oder die Verstärkung von bestimmten Immunzellen. Etwas leichter verständlich formuliert: Man kann entweder den Fuß von der Bremse für das Immunsystem nehmen oder mehr Gas geben oder auch beides. Wie aber auch im Straßenverkehr muss man eine solche Entscheidung sorgfältig und überlegt treffen, denn es macht einen Unterschied, ob ich auf einer Landstraße oder einer Autobahn unterwegs bin; außerdem könnte ich bei zu hoher Geschwindigkeit auch aus der Kurve fliegen oder auf meinen Vordermann auffahren. In der Medizin nennt man das dann eine unerwünschte Nebenwirkung.

Auf jeden Fall, und wie schon in früheren Kapiteln besprochen, ist für den Einsatz solcher innovativer Therapien ein tiefer greifendes Verständnis der Biologie und Immunologie möglichst mithilfe von digitalen Lösungen erforderlich. Denn es gilt zu klären, welches die richtige Kombination für welchen Patienten und in welcher Dosierung und zu welchem Zeitpunkt ist.

Viele dieser neuartigen Medikamente werden von den Zulassungsbehörden als sogenannte „Advanced Therapies" oder „Advanced Therapy Medicinal Products" (ATMPs) zusammengefasst und stellen an die Behörden neue Anforderungen für eine klinische Prüfung und eine mögliche Zulassung (von einer Erstattung noch gar nicht zu sprechen).

Die verantwortlichen nationalen und internationalen Behörden (z. B. in Deutschland das Paul-Ehrlich-Institut, in Europa die European Medicines Agency und die Food and Drug Administration in den USA) ließen sich zumeist in der Vergangenheit nur mit großen klinischen Studien überzeugen, die meist sehr teuer waren und sehr lange dauerten (meist mehrere Jahre für Tausende von Patienten auf fast allen Kontinenten). Deshalb ist es nicht verwunderlich, dass bisher die Entwicklung eines neuen Medikaments mehr als eine Milliarde Euro kostet und 10–12 Jahre von der Idee bis hin zu einer möglichen Zulassung dauert. Dies unterscheidet sich natürlich je nach Krankheitsbereich und Indikation und die Erfolgsrate liegt auch meist nur bei 5–8 %. Dies bedeutet, dass 92–95 % aller Forschungs- und Entwicklungsaktivitäten letztendlich nicht erfolgreich waren. Dies können sich weder die großen Pharmakonzerne und schon gar nicht kleine aufstrebende Biotech-Unternehmen besonders für Advanced Therapies leisten. Denn ATMPs und ähnliche innovative Ansätze werden entweder häufig individuell hergestellt oder wirken sehr spezifisch, aber effektiv in einer überschaubaren Kohorte von Patienten. Biomarker und intelligente Lösungen einschließlich innovativer klinischer Studien und die Anwendung einer KI bieten hierfür vielversprechende Ansätze.

Um die Komplexität, aber auch das Potenzial von heute verfügbaren Therapien vor dem Hintergrund sehr verschiedener Krankheitsbilder zusammen mit der genetischen Variabilität aller Patienten überhaupt verstehen zu können und die Medizin in der Zukunft sowohl bei der Behandlung von Krebs als auch anderer Krankheiten innovativ gestalten zu können, benötigt es wie bei Edda jeweils den Vergleich der individuellen Situation mit möglichst vielen gleichartigen Krankheitsfällen in den Datenbanken, also „Big Data". Und diese können nur zunehmend mit KI-Lösungen analysiert werden, um so das diagnostische und therapeutische Portfolio in der Zukunft wirtschaftlich optimal und zum Wohle der Patienten nutzen zu können.

Daher sehen alle Pharmaunternehmen eine Digitalisierung als Chance, nur wenige sehen eher die Risiken. Das Geschäftsmodell der Industrie wird sich grundlegend ändern. Die Entwicklung und Bereitstellung der Medikamente basieren auf großen Datenströmen und zwar für einen globalen Markt (vgl. ▶ Abschn. 5.1). Nur wer solche neuen Modelle berücksichtigt, kann auch weiterhin in einem Hochpreissegment mitspielen, denn therapeutischer Erfolg bei den meisten Patienten (auf jeden Fall bei mehr als der Hälfte der Patienten ohne schwerere Nebenwirkungen) wird immer entscheidender und nahezu eine Grundvoraussetzung. Fast noch wichtiger wird sogar die Vorhersage, ob ein Medikament nicht helfen wird (negative Prädiktion).

Damit einher geht auch eine bessere Nutzung schon vorhandener, etablierter und zugelassener Medikamente, entweder als Monotherapie oder in völlig neuartigen Kombinationen mit den ATMPs. Das könnte dazu führen, dass bisher mäßig wirksame Medikamente ihren Status als Erstlinienmedikament verlieren könnten, aber dafür dann sehr erfolgreich als Zweitlinientherapie in Kombination mit einem anderen Medikament sind. Überhaupt ändert sich die Bewertung der Wirksamkeit eines Medikaments bzw. von Kombinationstherapien und bezieht sich nicht mehr nur auf das Verschwinden der Krankheit oder Symptome. Beurteilt wird heute auch die Lebensverlängerung bei „guter Lebensqualität" bzw. vollständiger Gesundheit, was mit dem englischen Ausdruck QALY (quality adjusted life year) bezeichnet wird. Als qualitätskorrigiertes Lebensjahr gilt ein Lebensjahr bei voller Gesundheit (was nicht unbedingt die Abwesenheit von Krankheit bedeuten muss); man spricht hier auch von DALY (engl. disability adjusted life years). Beides sind Formen einer Kosten-Nutzen-Analyse für den Wert eines Medikaments.

◼ Abb. 4.2 fasst eine Einschätzung der Rolle einer KI auf den Gesundheits- und Pharmasektor zusammen. Danach werden Pharmaunternehmen auch zunehmend zu Gesundheitsdienstleistern und bieten sowohl digitale Zusatzangebote (im Sinne von Apps) wie auch Lifestyle-Produkte an.

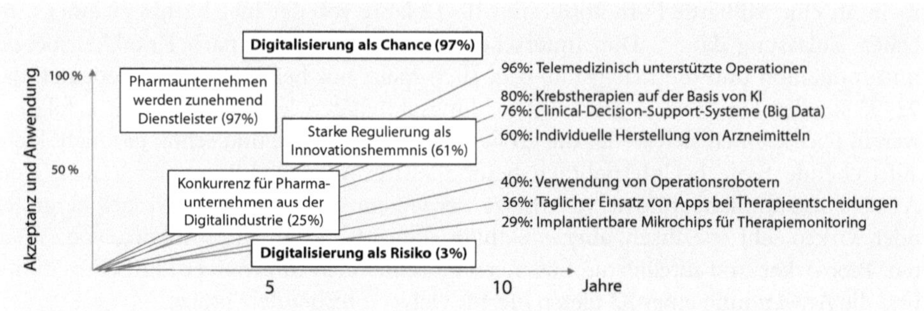

◘ Abb. 4.2   Zahlen einer aktuellen Studie zu E-Health und dem Einfluss von KI auf die zukünftige Entwicklung im Gesundheits- und Pharmasektor

4.2 Den Dingen ins Auge sehen – Intelligenz fürs Auge

Der Volksmund sagt, dass die Augen das Fenster zur Seele sind. Nun, selbst wenn sie nicht unmittelbare Einblicke in die eigene Seele oder die Seele des Gegenübers erlauben, so kann man doch sehr vieles aus den Augen herauslesen.

Neben tiefen Gefühlsregungen und möglicherweise dem emotionalen Befinden des Betroffenen ist es möglich, schon von außen unmittelbar Hinweise auf mögliche Veränderungen im Fettstoffwechsel z. B. anhand von Xanthelasmen (zumeist plaque-artige Ablagerungen von Cholesterinkristallen in der Haut um das Auge herum) oder dem Vorhandensein eines Arcus lipoides (auch Greisenbogen genannt) in der vorderen Augenkammer zu finden. Auch ein Blick in die Pupille kann auf einen möglichen Medikamenten- oder Drogeneinfluss hindeuten oder auch eine schwere Hirnschädigung (auch bei Patienten, die selbst nicht mehr sprechen können).

Wenn man nun mittels Augenspiegel oder ähnlichen Verfahren noch tiefer in die Anatomie des Auges vordringt, können sich weitergehende Rückschlüsse auf andere internistische oder neurologische Erkrankungen wie z. B. eine Hypertonie (Bluthochdruck), Diabetes, verschiedene Stoffwechselleiden oder Speicherkrankheiten, rheumatische Erkrankungen, Multiple Sklerose oder auch eine Schädigung des Gefäßsystems und Nervensystems einschließlich verschiedener Entzündungen ergeben.

Zur Bewertung der individuellen Netzhaut (Retina) eines Patienten gibt es im Wesentlichen zwei Verfahren, zum einen die optische Kohärenztomografie (OCT), die nichtinvasiv, also ohne Eingriff in das Auge ein fast histologisches Bild der gesamten Netzhautanatomie liefern kann; oder auch ein Retinascan im Sinne einer Fundusfotografie. Schon mit letzterem lassen sich Hinweise auf subtile Veränderungen bei einer Diabeteserkrankung oder einen schlecht oder nicht behandelten Bluthochdruck nachweisen. Daneben erlauben OCT-Aufnahmen nicht nur die Diagnose und Verlaufsdokumentation von Erkrankungen wie dem Glaukom (Grüner Star), der altersbedingten Makuladegeneration (AMD), einem Makula- oder Papillenödem oder einer Schädigung des Augennervs und zahlreichen anderen Erkrankungen des inneren Auges, sondern es können mithilfe einer KI-Anwendung auch optimierte, d. h. personalisierte Therapieintervalle für intravitreale Injektionen (Injektionen direkt in das Auge, z. B. bei einer AMD) festgelegt werden. Durch KI-Methoden ist es auch möglich, prognostische Aussagen zur Visusentwicklung unter Therapie mit großer Genauigkeit vorherzusagen oder darüber zu entscheiden, ob vielleicht doch sogar eine experimentelle Therapie mittels Stammzellen bei fortschreitender AMD infrage kommen würde.

Gerade in der Augenheilkunde kann daher eine Digitalisierung der Bild- und Datenverarbeitung zusammen mit einer KI-Anwendung zu Zwecken der Früherkennung, Prävention, Diagnose und Therapieentscheidung erfolgreich genutzt werden. Die Augenheilkunde wird zweifellos in der digitalen Transformation in der Medizin eine Art Vorreiterrolle einnehmen. Denn die Verwendung von intelligenten und automatisierten Lösungen erlaubt die Beschleunigung von Routineaufgaben und eine personalisierte Optimierung vieler auch ärztlicher Entscheidungen. Andere Beispiele gibt es schon aus der Radiologie und Dermatologie, in der tiefe neuronale Netze (dCNN) teilweise schon Dermatologen in der Melanomdiagnostik übertreffen.

Wie in anderen Bereichen ist die Verfügbarkeit von ausreichenden Bild- und Datenmengen kritisch und entscheidend für die Entwicklung und Anwendung trainierter oder auch selbstlernender Lösungen, wie z. B. „Deep Learning". Ähnlich wie in der Radiologie existieren aber auch in der Augenheilkunde „Big Data" an Retinascans und OCT-Aufnahmen für Trainings- und Testprogramme, um klinisch relevante Lösungen zu entwickeln.

Inzwischen haben auch Andere den Wert des Auges als Spiegel der körperlichen Innenwelt erkannt. So arbeiten Unternehmen wie Novartis und Google an speziellen Kontaktlinsen, die sowohl die biochemische Zusammensetzung der Tränenflüssigkeit messen können, aber auch in der Lage sind, Retinascans auch in Echtzeit durchzuführen. Durch eine Online-Verbindung mit KI-Lösungen in der Cloud lassen sich so Therapien überwachen und kurzfristig optimieren, aber auch möglicherweise Visusprobleme oder sogar lebensbedrohliche Zustände wie ein Zentralarterienverschluss bei Risikopatienten schnell erkennen und therapieren. Zusammen mit anderen „Wearables" ließen sich auch mithilfe von intelligenten Einsichten in und durch das Auge wesentliche Fortschritte in der Prävention und Prognose bis hin zur Therapie vielfacher Erkrankungen erzielen.

4.3 Krankheit einfach vergessen – Die Zukunft von Alzheimer und anderen Leiden

Frau Müller hatte Angst. Angst davor so zu werden oder so zu enden wie ihre Mutter. Frau Müllers Mutter war mit 59 Jahren an Alzheimer erkrankt und das hatte großen Einfluss auf die ganze Familie gehabt, denn bevor die ältere Dame in ein Altersheim kam, wohnte sie noch bei den Müllers in deren Reihenhaus in der Vorstadt. Frau Müllers Vater war schon vor längerer Zeit an Lungenkrebs gestorben, was nach den langen Jahren des Tabakkonsums nicht allzu überraschend war. Nach der Krebsdiagnose blieben den Müllers nur noch knapp sechs Monate, um vom Großvater Abschied zu nehmen. Der Abschied von Frau Müllers Mutter dauerte dagegen viel länger und kam schleichend. Eigentlich war es aber auch ein täglicher Abschied, denn jeden Tag entfernte sich die zweifache Großmutter weiter von ihrer Familie. Und das betraf alle: Frau Müller und ihren Mann, aber auch die zwei heranwachsenden Kinder, die früh der Irrationalität des Verhaltens und der wechselnden Emotionen im Verlauf einer Demenzerkrankung ausgesetzt waren. Denn bevor die Großmutter später nach einigen Jahren im Pflegeheim in einen Dämmerzustand verfiel und einige Zeit später verstarb, gingen alle durch ein Wechselbad der Gefühle. Frau Müller hatte irgendwann später Didi Hallervorden in der Rolle des demenzkranken Großvaters in „Honig im Kopf" gesehen und hätte das Schicksal ihrer eigenen Mutter selbst nicht besser beschreiben können. Aber so zu werden wie ihre Mutter, davor hatte Frau Müller panische Angst. Nun hatte Frau Müller davon gehört, dass man schon früh das Risiko einer Demenzerkrankung erkennen kann, aber wollte sie das wirklich? Könnte sie bzw. ihre Familie mit einer solchen Diagnose umgehen? Vielleicht würde ihr Mann sie ja dann verlassen? Aber wenn man die Krankheit nun doch früh behandeln kann, sodass die Symptome erst viel später oder gar nicht auftreten?

Alzheimer gehört zu den häufigsten Erkrankungen im höheren Lebensalter und mit einer steigenden Lebenserwartung unserer Gesellschaft werden wir diese und andere Formen der Demenz immer häufiger sehen. Die Tendenz ist stark steigend und es ist zweifellos auch eine gesellschaftliche und volkswirtschaftliche Herausforderung, die vermutlich alles bisher Dagewesene – einschließlich anderer Volkskrankheiten wie Bluthochdruck, Diabetes oder Krebs – in den Schatten stellen wird.

Während einige Pharmaunternehmen und zahlreiche Forschergruppen weiterhin intensiv an einer Heilung arbeiten, haben andere auch aus wirtschaftlichen Gründen dieses Gebiet bereits schon wieder verlassen. Denn bisher konnte eine heilende Therapie trotz massiver Anstrengungen und sehr hoher Investitionssummen und durchaus attraktiver Förderquoten noch nicht entdeckt werden. Allerdings gibt es durchaus Wege, das Fortschreiten solcher neurodegenerativen Erkrankungen zu verlangsamen. Dementsprechend wichtig und essenziell ist auch hier die Früherkennung. Denn zumindest bei der klassischen Alzheimer-Demenz liegt die Ursache der Erkrankung wohl unstrittig in zunehmenden Ablagerungen irregulärer Eiweißmoleküle, dem sogenannten Beta-Amyloid und dem Tau-Protein, die eine regelhafte Funktion des Gehirns immer weitergehend einschränken. Allerdings bilden sich solche Plaques meist langsam über Jahre aus und es zeigen sich dann charakteristische Veränderungen in Gehirn. Wenn sich diese klebrigen Plaques erst einmal ein Gehirn festgesetzt haben, kann man sie kaum wieder auflösen. Dieser Zustand scheint irreversibel zu sein, allerdings versucht man therapeutisch bzw. als präventive Maßnahme ein weiteres Fortschreiten zu verhindern. Denn diese krankmachenden Moleküle könnte man frühzeitig mithilfe von neutralisierenden Antikörpern im Blut bzw. in der Gehirnflüssigkeit abfangen und so unschädlich machen, bevor sie das Gehirn und wichtige Strukturen dort „verkleben". Umso wichtiger ist die rechtzeitige Erkennung des entsprechenden Risikos (eventuell mithilfe einer Genom-Untersuchung) und dem ganz frühen Nachweis von ersten Symptomen, die auf eine solche Krankheit hinweisen.

Forschern aus Italien könnte in dieser Hinsicht ein großer Schritt gelungen sein. Sie haben einen KI-Ansatz entwickelt, der Patienten, die wahrscheinlich an Alzheimer erkranken werden, bis zu zehn Jahre vor Auftreten der ersten Symptome identifizieren kann. Gelernt hat der Algorithmus durch den Vergleich von mittels Magnetresonanztomografie (MRT) erstellten Gehirnscans von gesunden und erkrankten Patienten. Die Auswertung der Daten erfolgte allerdings noch auf der Basis einer ziemlich kleinen

Patientenzahl, die man momentan an sich kaum „Big Data" nennen kann. So wurden nur 38 Scans von Alzheimer-Erkrankten und 29 von gesunden Kontrollen verwendet. Allerdings ist die Zahl der erhobenen Datenpunkte viel, viel größer, denn jedes Gehirn wird in vielen Schichten und Ebenen vermessen und untersucht. Das führt zu einer sehr großen Menge an auswertbaren Pixel (2-dimensional) und Voxel (3-dimensional).

Anschließend wurde der so entwickelte Algorithmus verwendet, um Computer-Scans von 148 weiteren Patienten zu untersuchen. 48 davon stammten von Personen mit Alzheimer, weitere 48 von Patienten, die zu diesem Zeitpunkt leichte kognitive Einbußen aufwiesen (mild cognitive impairment = MCI) und erst 2,5 bis 9 Jahre später mit Alzheimer diagnostiziert wurden. Der Rest waren unauffällige Kontrollen. In 86 % der Fälle konnte die KI die Alzheimer-Patienten korrekt identifizieren. Noch wichtiger allerdings: Die Scans der leicht betroffenen Menschen wurden zu 84 % erkannt.

Mithilfe der KI können kleine strukturelle Veränderungen im Gehirn auf kognitive Störungen und Alzheimer hinweisen. Der Algorithmus kann mit ausreichendem Training solche Veränderungen erkennen und so die Wahrscheinlichkeit für die Entstehung von Alzheimer o. ä. innerhalb der nächsten zehn Jahre feststellen. Die KI suchte nach Unterschieden in der Konnektivität der Gehirne von späteren Alzheimer-Patienten und der Kontrollgruppe.

Überhaupt ist die Radiologie, d. h. die medizinische Bildgebung, eines der Hauptanwendungsbereiche für die KI. Denn in dieser Disziplin gibt es naturgemäß eine unsagbar große Menge standardisierter Daten, da nahezu alle Radiologie-Abteilungen weltweit bildgebende Verfahren, d. h. Apparate von wenigen Anbietern, z. B. Siemens, Philips oder General Electric, verwenden. Somit ist eine vergleichbar hohe Qualität der verfügbaren Röntgenbilder, Computertomografien (CT), Magnetresonanztomografien (MRT), Positronenemissionstomografien (PET) etc. gegeben. Die KI-basierten Algorithmen können also an sehr großen und gleichzeitig unterschiedlichen Dateneinheiten trainiert und entsprechend getestet werden. Dies sollte schnell zu einer hohen Übereinstimmung der KI-basierten Diagnosen (Konkordanz) mit den Diagnosen und Prognosen von erfahrenen Fachärzten führen oder diese in bestimmten Fragestellungen sogar darüber hinaus unterstützen können. In einem anderen Kapitel haben wir daher ja die KI auch schon „Assistant Intelligence" genannt, was der Funktion entsprechender Algorithmen in diesem Bereich sicherlich noch besser gerecht wird. Obwohl die meisten radiologischen Bilder ja schwarz-weiß sind und meist nur bei funktionellen Untersuchungen auch farbige Informationen liefern (im Gegensatz zu einer Auswertung und Analyse anderer Bilder) ist es möglich, gerade aufgrund der sehr großen Datenmengen und mithilfe eines sogenannten Radiomics-Ansatzes viele versteckte Informationen zu gewinnen und diese auch zu validieren. Radiomics ist eine noch eher forschende Disziplin, bei der inzwischen erfolgreich versucht wird, die radiologischen Daten z. B. mit weiteren Informationen aus der Genomik, Proteomik usw. zu verbinden.

Die KI kann in der Zukunft ein wichtiges Früherkennungswerkzeug werden. Allerdings sind diese Ansätze in Italien und anderen Teilen der Welt noch immer im Entwicklungsstadium mit dem Ziel, die Computerintelligenz mithilfe von zusätzlichen „Big Data" noch zuverlässiger zu machen. Damit könnte man dann auch andere neurodegenerative Krankheiten, wie z. B. die Parkinsonkrankheit oder andere Formen der Demenz, frühzeitig aufspüren.

Wenn Alzheimer und ähnliche Krankheiten frühzeitig diagnostiziert werden, könnte umgehend eine präventive Therapie eingeleitet werden, um den irgendwann auftretenden Effekten entgegenzuwirken und so die Entwicklung einer Demenz oder einer Parkinson-Erkrankung deutlich zu verlangsamen.

Eine frühzeitige Diagnose ermöglicht es den Patienten auch, sich besser auf die in der näheren oder weiteren Zukunft entstehende Erkrankung zusammen mit der Familie und dem sozialen Umfeld vorzubereiten.

Allerdings ist das Management von offensichtlichen Krankheitsrisiken durch Prädiktion (z. B. durch eine genetische oder anderweitige aufwendige Untersuchung) und eine damit verbundene frühzeitige therapeutische Intervention noch nicht wirklich etabliert bzw. kann sich gerade bei uns in Deutschland vielleicht aufgrund unserer belasteten Vergangenheit noch nicht durchsetzen. Allerdings geht es ja heute darum, den Risikopatienten und deren Familien umfassend und frühzeitig zu helfen und nicht darum, sie aus der Sozial- und Solidargemeinschaft „auszuschließen". Eine solche Früherkennung wäre nicht nur ein hehres ärztliches Ziel, sondern könnte langzeitig zu einer Kostenersparnis führen. Denn so würden sich die doch relativ hohen Kosten für eine Genomanalyse und z. B. MRT etc. ohne Weiteres im Laufe der Jahre „amortisieren". Jedoch werden präventive Untersuchungen zur Abschätzung eines persönlichen Risikos, das in 10–20 Jahren zu einer Krankheit führt, kaum bezahlt bzw. erstattet. Dies mag – vorsichtig gesagt – auch in der Struktur des gegenwärtigen Gesundheitssystems liegen.

Eine Frühdiagnostik ist aber möglicherweise auch durch eine individuelle Echtzeitkontrolle im Sinne eines Monitorings (man sollte vielleicht den Ausdruck „Überwachung" vermeiden) z. B. durch die Verwendung von KI-basierten Apps möglich, die frühzeitig auch subtile Verhaltens- und Wesensänderungen wahrnehmen können. Hier können u. a. digitale Netzwerke und online verfügbare Lern- und Spielprogramme helfen, die dann auch kleinste Defizite identifizieren. So könnte ohne größere Kosten spielerisch eine Früherkennung betrieben werden und jedem Einzelnen bleibt noch die Entscheidung einer persönlichen Konsequenz überlassen.

Eines Tages wird auch die KI dazu beitragen, dass wir Krankheiten oder zumindest ein übermäßiges Leiden an Krankheiten hoffentlich vergessen können. Dazu wird auch eine KI-unterstützte Prävention und eine auf großen Daten beruhende Frühdiagnostik von Risikofaktoren beitragen.

4.4 Wenn Man(n) leidet – Die Herausforderung des intelligenten Nichtstuns

Nichts zu tun bzw. nichts tun zu können, ist üblicherweise das Letzte, was Patienten von ihrem Arzt hören wollen und von ihm erwarten. „Nun tun Sie doch etwas", ist Ausdruck einer berechtigten Verzweiflung, besonders wenn man soeben eine lebensbedrohliche oder in sonstiger Weise erschütternde Information erhalten hat. Dies gilt natürlich insbesondere für Diagnosen, wie z. B. eine wohl heutzutage noch nicht aufzuhaltende Demenz, eine sonstige das Leben und die persönliche Lebenserwartung beeinträchtigende Krankheit und in erster Linie eine Krebsdiagnose. Die unterschiedlichen Therapie- und Präventionskonzepte bei einer Demenz und Krebs wurden schon in den vorausgegangenen Kapiteln angesprochen und ebenso die mögliche Rolle einer KI in der Analyse und Bewertung großer Datenmengen.

Während man bei der Diagnose Alzheimer zurzeit allenfalls versuchen kann, das Fortschreiten bzw. eine Verschlimmerung der Erkrankung bei frühzeitiger Diagnose aufzuhalten (was eigentlich für alle zumindest chronischen Krankheiten zutrifft), so gilt bei einer Krebsdiagnose immer noch – und in den meisten Fällen völlig zu Recht – das Prinzip der radikalen „Krankheitsvernichtung", egal mit welchen Mitteln. Allerdings begann in den 1960er Jahren der streitbare Erlanger Chirurgieprofessor Julius Hackethal dieses Konzept für zumindest einige Tumorformen herauszufordern. So forderte er damals, sicherlich motiviert durch persönliche Streitigkeiten mit seinem Vorgesetzten und Teilen der Ärzteschaft, manche Radikalität eines chirurgischen Eingriffs oder überhaupt einer Krebstherapie zu überdenken und aufgrund der Risiken und zu erwartenden Nebenwirkungen eher „nichts" zu tun und bei bestimmten Diagnosen und Krankheitsstadien abzuwarten. Was damals gegen jegliche Lehre und ärztliches Dogma verstieß, ist heute durchaus Teil von einigen Behandlungskonzepten. Voraussetzung ist ein tief greifendes und zunehmend umfangreicheres Verständnis der zugrunde liegenden Krankheit und der therapeutischen Optionen für eine individuelle Behandlung, was erneut dem Konzept einer „Personalisierten Medizin" oder „Precision Medicine" entspricht.

So weit war man am Ende des letzten Jahrhunderts aber noch nicht und Hackethal postulierte seine Forderungen insbesondere für das Prostatakarzinom, an dem er ironischerweise Jahre später selbst verstarb. Allerdings gilt auch länger schon der Satz, dass man als älterer Mann „entweder am oder mit einem Prostatakrebs" verstirbt, weil es eben eine mit dem Alter vermehrt auftretende Erkrankung ist. Nach einer ebenfalls alten Faustregel tragen 60 % der 60-Jährigen bzw. 80 % der 80-Jährigen und 100 % der 100-Jährigen einen solchen Tumor. Allerdings gibt es in der Fachliteratur und unter den Experten völlig unterschiedliche Zahlen, wie viele auch dann an einem solchen Karzinom „leiden" und möglicherweise daran dann versterben. Bekanntermaßen und unzweifelhaft spielen die Größe und die Ausbreitung des Tumors eine wichtige Rolle für die Prognose, aber selbst innerhalb einer vergleichbaren Kohorte gibt es deutliche und auch signifikante Unterschiede.

Nun besteht immer die Gefahr oder auch Möglichkeit einer Übertherapie, d. h. im Zweifelsfall einer Behandlung auch derjenigen mit einer radikalen Operation und anschließender Radiochemotherapie oder anderen Medikamenten, die möglicherweise gar keine Therapie benötigen. Aber wie findet man heraus, welche das sind? Wie kann man die „Responder", d. h. die, die von einer Therapie profitieren unterscheiden von den „Non-Respondern", eben denjenigen, die nicht profitieren, sondern möglicherweise an nicht unerheblichen Nebenwirkungen leiden. Hierfür benötigt man eben intelligente Biomarker, die ein individuelles Ansprechen beim jeweiligen Patienten mit hoher Zuverlässigkeit bei gleichzeitig geringen Nebenwirkungen voraussagen können (vgl. ▶ Abschn. 3.3). Denn auch die zuletzt so hoch gelobten Immuntherapien – deren klinischer Erfolg gerade beim Prostatakrebs noch bewiesen werden muss – zeigen doch auch relevante Nebenwirkungen.

Allerdings gibt es bei bösartigen Erkrankungen der Vorsteherdrüse einen biochemischen Marker, mit dem man das Fortschreiten oder das Wiederauftreten der Erkrankung im Blut nachweisen kann. Daher kann man sowohl den Erfolg einer Therapie als auch ein therapeutisches Abwarten engmaschig kontrollieren, also „monitoren". Diese abwartende Beobachtung der Erkrankung bezeichnet man auch mit dem englischen Begriff „watchful waiting" oder „deferred treatment" (verzögerte Behandlung).

Unklar bleibt aber wohl immer noch, ob eine (schulmedizinische) Behandlung nur verzögert werden sollte oder gar nicht infrage kommt. An dieser Stelle wird der Wert einer Komplementärmedizin oder die Behandlung von Begleitsymptomen nicht diskutiert und auch nicht infrage gestellt.

Nun gibt es auch wohl wissenschaftlich begründete Überlegungen, dass einige Unterformen von Brustkrebs ebenfalls nicht von einer Bestrahlung bzw. Chemotherapie profitieren könnten. Um hier weitere Hinweise zu bekommen, stehen molekulare Tests zur Verfügung, die den Patientinnen und ihren Ärzten hierzu zusätzliche Informationen über das persönliche Risiko und die Prognose der Krankheit zu liefern versuchen. Dies gilt aber nicht für die chirurgische Entfernung des Tumors bzw. von Metastasen, obwohl sich in den letzten Jahrzehnten auch hier die Radikalität eines solchen Eingriffs verändert hat.

Nun geht es bei den meisten ärztlichen Entscheidungen darum, welche von mehreren Therapien die wohl Erfolg versprechendste ist – immer natürlich in Abwägung möglicher Nebenwirkungen und der individuellen Situation des Patienten. Manchmal sind die Umstände auch durch andere Kriterien bestimmt, z. B. der Versorgungslage von Krebspatienten in bestimmten geografischen Gegenden. Es nützt nichts, eine aufwendige Therapie zu planen, wenn dies eine tägliche Reise von mehreren Stunden von der Heimatadresse des Patienten zu einem Spezialzentrum erfordert und der Patient dort nicht stationär aufgenommen werden kann. Vielleicht ist es dann „verantwortlicher", der jungen Mutter die statistisch „zweitbeste" Therapie anzubieten, damit sie die meiste Zeit bei ihren Kindern daheim sein kann. Und ob diese Option dann wirklich die „zweitbeste" für die jeweilige Patientin ist, wird sich dann mit der Zeit zeigen. Auf jeden Fall ist es gerade für die Zukunft wünschenswert, bessere Vorhersagen für das einzelne Individuum hinsichtlich Krankheit aber auch Gesundheit treffen zu können, auch um unnötiges Leiden zu vermeiden.

Nun haben wir in den anderen Kapiteln schon gesehen, dass es sehr große Datenmengen erfordert, um statistisch relevante Aussagen bzw. prädiktive Vorhersagen auch mithilfe einer KI treffen zu können. Aber wie viel größer muss unser Vertrauen in die analysierten Daten, die darin enthaltenen Informationen und deren Wert für den Patienten sein, wenn wir eine „negative Aussage" treffen wollen? Wann haben wir so viel Vertrauen zu sagen: „Keine bekannte Therapie – ob zugelassen oder noch in der Erprobung – wird Dir aufgrund Deiner Gene oder Deinem Krankheitsprofil helfen, sondern Nichts zu tun birgt für Dich ganz persönlich den größten Vorteil!", obwohl vielleicht noch gar nicht alle verfügbaren Optionen ausgeschöpft worden sind. Dies will heutzutage wohl kein Patient hören und schon gar kein Arzt sagen. Erst wenn man wohl sehr großes Vertrauen hat in den Wert einer solchen Aussage, z. B. durch die Analyse sehr großer Datenmengen mithilfe von intelligenten Methoden, und genug „Beweise" besitzt für die Richtigkeit einer „negativen" Empfehlung, wird man dies auch ernsthaft in Betracht ziehen. Ansonsten wird es wohl darauf hinauslaufen, dass man eine Alternative mit empfiehlt mit Worten: „Das können wir ja auch noch empfehlen". Denn bekanntermaßen und sicherlich zu Recht stirbt die Hoffnung zuletzt und diese wollen wir ja niemandem ohne Gewissheit nehmen.

Meine Daten, Deine Daten – Daten sind für alle gut

© Springer-Verlag GmbH Deutschland, ein Teil von Springer Nature 2019
R. Huss, *Künstliche Intelligenz, Robotik und Big Data in der Medizin*,
https://doi.org/10.1007/978-3-662-58151-3_5

5.1 Wie groß sind große Daten – … und was damit tun?

Wie immer ist der Begriff „groß" sehr relativ. Was für den einen riesig erscheint, ist für jemand anderen noch absolut überschaubar. So finde ich folgende Definition von „Big Data" am passendsten: „,Big Data' bezeichnet Datenmengen, die zu groß, zu komplex oder zu schwach strukturiert sind, oder sich zu schnell ändern, um mit herkömmlichen Methoden analysiert zu werden." Also erfordern die Auswertung und das Verständnis dieser Art von Daten neue und innovative Methoden und dafür bieten sich eben KI-Lösungen an. Es kommt also gar nicht darauf an, ob man tatsächlich Yotta-Byte (= 10^{24} = 1.000.000.000.000.000.000.000.000) von Daten speichern kann, sondern ob man in der Lage ist, genau diesen Daten die notwendigen Informationen zu entnehmen, falls sie überhaupt die gewünschten Informationen enthalten. Größe spielt besonders dann keine Rolle, wenn man den Wert dieser Daten nicht kennt: Woher stammen diese Daten? Sind sie zuverlässig und repräsentieren sie wirklich das, was ich untersuchen oder erfahren möchte? Das Telefonnummernverzeichnis von Berlin nützt mir überhaupt nichts, wenn ich eine Nummer in Worpswede suche. Wenn ich verstehen möchte, wie viele übergewichtige Männer über 60 Jahre einen Herzinfarkt trotz blutverdünnender Therapie bekommen, dann nützt mir auch das Wissen um alle Einwohner in Berlin oder München recht wenig, denn die gewünschte Information über die besagte Zielgruppe ist im Telefonbuch sehr verdünnt und auch in der gewünschten Form gar nicht enthalten. Es gibt im weitesten Sinne hierfür eine englische Umschreibung: „Garbage in, Garbage out!", d. h. man kann kein (Daten)Gold herausholen, wenn vorher nur (Daten)Blech drin ist. Das haben auch die Alchemisten nie vollbracht.

Die Zeit von „Big Data" begann ungefähr zum Ende des Zweiten Weltkriegs, als Mathematiker wie Alan Turing und andere begannen Computer für komplexe Lösungen zu entwickeln. Allerdings beschäftigte man sich zu dieser Zeit dann noch eher mit einer Abschätzung, welche Dimensionen Bibliotheken haben müssten, wenn die Menge an gedruckten Büchern in gleicher Geschwindigkeit wie bis dahin zunehmen würde. Anfang der 1960er Jahre wurden Abschätzungen durchgeführt, wie schnell die Anzahl an wissenschaftlichen Publikationen wachsen würde und man kam u. a. zu dem Schluss, dass diese Zahl bzw. das Wachstum exponentiell und nicht linear zur Anzahl schon vorhandener Publikationen bzw. vermeintlicher wissenschaftlicher Erkenntnis ist. Schon damals wurden Rufe laut, dass wissenschaftlicher Einfluss eher an dem notwendigen Bedarf an Speicherplatz gemessen würde als an echten relevanten Inhalten. Dennoch wurde der schnell wachsende Bedarf an Speicherplatz offensichtlich und vielleicht erinnert sich der eine oder andere Leser noch an sehr frühere Heimcomputer mit einem Arbeitsspeicher von 128 kB RAM und einem 5¼ Diskettenlaufwerk.

Außerdem wurde schnell klar, dass nach den Parkinson'schen Gesetzen der vorhandene und auch neu geschaffene Datenspeicherraum immer gefüllt werden wird, egal wie viel Raum man auch in Zukunft schaffen wird. Die Frage ist nur, womit und wie viel davon wichtige und sinnvolle Information ist. Zu Beginn des Human Genome Projects (HGP) bestand zu Recht die Frage, ob die analysierten und gefundenen Informationen aus unserem menschlichem Genom und dem Genom anderer Säugetiere nicht die Netzwerke, Speicherplätze und damaligen Suchmaschinen vollständig überlasten würden. Welche Art von intelligenten Maschinen könnte den Datenfluss regulieren und sinnvolle Daten möglichst in Echtzeit auch finden? Falls diese Maschinen tatsächlich in der Lage wären, wichtige von unwichtigen Informationen zu unterscheiden, dann könnte man ja – rein theoretisch – viel Speicherplatz einsparen. Außerdem würde der Heuhaufen, der die berühmte Nadel verdeckt, nicht immer noch größer, sondern bliebe trotz einem exponentiellen Datenfluss zumindest konstant. Wir wissen aber heute, dass dies bei weitem nicht so ist. Wer weiß denn heute schon, welche Daten jetzt und in der Zukunft relevant sind bzw. sein werden. Neue Entwicklungen werden uns vermutlich erst in die Lage versetzen, neue und auch schon vorhandene Daten in Information und Wissen umzusetzen. Also gilt wohl eher die Devise: Bloß nichts wegschmeißen, denn man weiß ja heute nicht, wofür man es noch in der Zukunft gebrauchen kann.

An jedem Tag und in jedem Moment wachsen die Datenberge auch in der Medizin immer weiter mit immer mehr Röntgenbildern (ca. 1 MB je nach Kompression), histologischen Schnitten aus der Pathologie (ca. 1 GB), Befundberichten, Laborwerten, Ergebnissen aus klinischen Studien usw. und die Verfügbarkeit des Internets hat diese Entwicklung noch weiter beschleunigt. Noch nicht einmal mehrere Tera- oder Exabyte an Daten sind heutzutage eine Herausforderung für moderne Computer. Und wichtiger ist es in erster Linie den Inhalt, d. h. die Information und den relevanten Gehalt von Daten („Insights") zu erkennen und nicht den reinen Datenberg ehrfürchtig zu betrachten. So wurden schon 2008 weltweit ca. 10 Zettabytes (10^{22} Bytes) prozessiert und die Reise geht schnell weiter. Diese Menge darf man zu Recht „Big Data" nennen, ob man sie nun versteht oder nicht.

Daten müssen allerdings nicht nur erhoben, gespeichert und ausgewertet werden, sondern die in ihnen erhaltene Information muss auch dem Wissen, der Kommunikation und vielleicht auch einer persönlichen Verhaltensänderung dienen. Dies gilt unabhängig davon, ob es darum geht, durch Bilder von schmelzenden Gletschern, hungernden Eisbären, versinkenden Südseeinseln oder ausbleichenden Korallenriffen ein Bewusstsein für eine dramatische Klimaveränderung zu wecken oder auch nur das Bewusstsein für die eigene Gesundheit zu schaffen. Allerdings ist der Datentransfer in unserem digitalen Zeitalter immer noch die Herausforderung. Gerade die jüngeren Generationen Y, Z und Folgende akzeptieren das Internet und die sozialen Medien als Datenquelle.

Facebook verzeichnet weltweit über eine Milliarde Nutzer, von denen monatlich über 600 Mio. über ein mobiles Endgerät auf das soziale Netz zugreifen. Pro Minute generieren die aktiven Nutzer in Facebook über 650.000 verschiedene Inhalte oder verteilen ca. 35.000 „Likes" an Hersteller, Organisationen oder Kochrezepte (allerdings bin ich nicht sicher, wie aktiv die jüngere Generation tatsächlich noch produktiv kocht oder nur passiv konsumiert). Mehr als 200 Mio. Emails werden pro Minute verschickt oder 175 Mio. Kurznachrichten bzw. Tweets, die über Twitter von den über 465 Mio. Accounts pro Tag gepostet werden. Pro Minute werden über Google mehr als zwei Millionen Suchanfragen abgesetzt, über Amazon mehr als 80.000 US$ umgesetzt oder in YouTube 30 h Videomaterial hochgeladen und 1,3 Mio. Videos konsumiert. Gerade durch das Internet und Channels wie YouTube kann man möglicherweise auch gerade jüngere Patienten veranlassen, ihr persönliches Verhalten im Hinblick auf ihre Gesundheit zu „optimieren" und ihre persönlichen Daten, z. B. Gewicht, regelmäßige

Medikamenteneinnahme (sogenannte Compliance), körperliche Tätigkeiten oder Teilnahme am Sport zu überprüfen. Fehlende Compliance gefährdet nicht nur den Erfolg von Therapien, sondern erhöht natürlich auch das Krankheitsrisiko und die Gefahr einer Verschlimmerung. Ich selbst verwende sogenannte Apps (Applications), um meine tägliche körperliche Aktivität zu überprüfen und mein Gewicht möglichst konstant zu halten (vgl. auch ▶ Abschn. 5.3).

Daten und besonders weit verbreitete Daten und damit vermeintliches Wissen sind natürlich auch nur so gut, wie sie auch richtig, relevant und sinnvoll sind. Die Gefahr einer systematischen Manipulation z. B. durch „Fake News" für Marketingzwecke oder um andere Ziele zu verfolgen, sind gefährlich. Auch wenn gerade „Big Data" und die darin enthaltenen Daten nicht auf den wahren Inhalt überprüft werden, sind sie in dem jeweiligen Zusammenhang wertlos und für den entsprechenden Zweck bedeutungslos bzw. schlimmer noch: Sie führen möglicherweise zu gefährlichen Fehleinschätzungen (vgl. ▶ Kap. 2).

Daher wird der Gebrauch auch von einer sogenannten „Real World Evidence", d. h. große Datenmengen, die nicht unter kontrollierten Bedingungen wie in einem Labor oder in entsprechenden Studien gewonnen wurden, teilweise auch sehr kontrovers gesehen. Zum einen sind diese Daten eben sehr groß und umfangreich und zum anderen enthalten sie sehr viel Rauschen (noise), was die Aufarbeitung auch gerade mit KI-Lösungen schwierig macht. Deshalb werden von vielen Experten weiterhin „saubere", kontrollierte Studien teilweise mit nur ein paar Dutzend bis wenigen hundert Datenpunkten oder Patienten bevorzugt.

5.2   In der Wolke – Private oder öffentliche Daten?

Es gibt wohl selten ein anderes Land, in dem es ebenso viele Bedenkenträger und sorgenvoll nachdenkliche Menschen gibt, wie in Deutschland. In kaum einem anderen Land gibt es strengere Datenschutzauflagen als in diesem Land und mit der im Mai 2018 in Kraft getretenen Europäischen Datenschutz-Grundverordnung (EU-DSGVO) zum Schutz der Privatsphäre von natürlichen Personen wurde diese Richtlinie auf eine europäische Ebene gehoben. Nun sollten wir davon ausgehen, dass sich die verantwortlichen Politiker in Brüssel und in den nationalen Parlamenten etwas dabei gedacht haben und damit auch für einen sozialen Frieden und soziale Gerechtigkeit unter allen Bürgern sorgen wollen. Denn was wir natürlich alle nicht wünschen, ist der Missbrauch und verbrecherische Umgang mit Daten aller Art, insbesondere zum Nachteil der Schwächsten in unserer Gesellschaft. Und dazu gehören selten die Großkonzerne mit ihrem erhofften Datenmonopol, aber natürlich auf jeden Fall die Kranken.

Nun haben wir in vorhergehenden Kapiteln erfahren, dass eine KI meist nur auf der Basis größerer Datenmengen funktionieren kann bzw. mit möglichst großen und vertrauenswürdigen Daten trainiert werden muss, um richtig „zu lernen". Gut trainierte Daten sind der Grundpfeiler der modernen Medizin und damit sind wir jetzt in einem Dilemma: Wie können wir diese wichtigen Daten nutzen, ohne dem Einzelnen zu schaden? Wie können wir weitermachen in einer digitalen (Medizin-)Welt, ohne gleich das Kind mit dem Bade auszuschütten, d. h. relevante Daten in unzugänglichen Datenbanken oder Karteisystemen zu vergraben?

Denn in der Medizin gibt es natürlich eine große Menge unterschiedlichster Datenquellen, ob in einzelnen Krankenhäusern und Gesundheitszentren, bei den Krankenkassen oder bei den Unternehmen. Diese Daten werden vielfach noch auf lokalen Servern liegen und dort auch gepflegt werden. Dennoch geht die Tendenz natürlich immer mehr in die Richtung einer Datenspeicherung in der „Cloud", in erster Linie um nahezu unbegrenzten und erweiterbaren Speicherplatz jederzeit und an jedem Ort verfügbar zu haben, die dann auch einen entsprechenden Zugriff von jedem Ort der Welt (vorausgesetzt dieser ist ausreichend „digitalisiert") möglich machen. Der Vorteil ist natürlich, dass man als Patient seine Gesundheitsdaten immer und überall in der Cloud verfügbar hätte, egal ob man seinen Impfstatus am Amazonas überprüfen oder die aktuelle Medikamentenliste mit dem Arzt am Ferienort besprechen möchte.

Nun ist dies ein Beispiel – und davon gäbe es tausend verschiedene Möglichkeiten – wie „Cloud Computing" das Leben des Patienten und des behandelnden Arztes leichter und auch sicherer machen könnte. Denn selbst an noch so entlegenen Orten könnte man sicherstellen, dass immer alle relevanten Informationen in Echtzeit und aktuell zur Verfügung stünden.

Ein weiterer Vorteil ist natürlich die Zusammenführung aller Daten weltweit besonders für die Behandlung, aber gerade auch Prävention von Volkskrankheiten. Mit zunehmendem Alter und auch vermehrten Auftreten von Zivilisationskrankheiten wie Übergewicht, Diabetes Typ 2 und Bluthochdruck kommt es ebenso zu mehr Begleiterkrankungen, die nicht nur für den einzelnen Patienten, sondern auch für ganze Volkswirtschaften eine zunehmend große Belastung darstellen werden. So leiden heute schon mehr als eine halbe Milliarde Menschen (ca. 10 % der Weltbevölkerung) an einem chronischen Nierenversagen, das zumindest in den entwickelten Ländern mit einer Organersatztherapie, d. h. Dialyse bis zur Transplantation behandelt werden kann. Dies verursacht nicht nur ungeheure Kosten für das jeweilige Gesundheitssystem durch die Behandlung (je nach Dialyseverfahren und Begleitmedikation von 40.000–50.000 €/Jahr), sondern auch durch den Ausfall der meisten Betroffenen für die Produktionsgemeinschaft. Sollte es gelingen, mit einer früheren individuellen Diagnose des beginnenden Nierenversagens und einem besseren Präventivmanagement dieser sogenannten Prä-Dialysezeit den Beginn der eigentlichen Dialysebehandlung um nur sechs Monate zu verzögern, würde dies zu einer weltweiten Einsparung von mindestens 100 Mrd. EUR nur an Dialysekosten pro Jahr führen.

Aber selbst ein besseres Management von Patienten an und während der Dialyse kann die notwendigen Begleitkosten und den erhöhten Pflege- und Versorgungsaufwand deutlich reduzieren. Da Patienten mit chronischen Leiden und insbesondere Patienten mit einem akuten oder drohenden Dialysebedarf sehr eng überwacht werden (zumindest in den entwickelten Ländern), gibt es für diese Gruppe eine sehr gute und umfassende Dokumentation an verlässlichen Daten. Diese Kohorte ist sicherlich ausgezeichnet geeignet, auch mithilfe von intelligenten Lösungen wie KI bessere Vorhersagen für ein optimales Patientenmanagement je nach Grundleiden, Altersgruppe, Begleiterkrankungen usw. zu entwickeln und dieses Management in Echtzeit an die jeweilige Situation (z. B. Verfügbarkeit neuerer Medikamente zur Blutdrucksenkung oder für den Wasserhaushalt) anzupassen.

Nun werden sich in der Zukunft alle Patientendaten digital in einer Cloud befinden und sind, wie schon erwähnt, jederzeit und überall direkt abrufbar. Darin sind allerlei persönliche Daten gespeichert (Befunde, Allergien, letzte Laborwerte, frühere Eingriffe, Röntgenbilder usw.), aber auch die Krankengeschichte wird für jeden Patienten selbst transparenter und vielleicht auch verständlicher. Natürlich steht die Möglichkeit des Missbrauchs unmittelbar im Raum, denn die jüngeren (Facebook- und Instagram-) Generationen gehen doch eher sorglos auch mit ihren privaten Daten um. Dennoch ist das Thema Datensicherheit bzw. „data privacy" ein wichtiger Bestandteil einer elektronischen Gesundheitsakte, ob ambulant oder im intelligenten Krankenhaus (smart hospital). Länder wie Estland und auch die Niederlande und Österreich übernehmen hier eine Vorreiterrolle in Sachen Digitalisierung des Gesundheitssystems. Dies liegt sicherlich zum einen an der Größe dieser Länder, aber auch daran, dass sie bisher kein funktionierendes Karteiensystem (wie im Falle von Estland) hatten oder bereit sind, dieses mit Übergangsfristen auch hinter sich zu lassen.

Dass der Wunsch nach einem absoluten Datenschutz auch immer relativ ist, zeigt ◘ Abb. 5.1: Je nach Alter und Krankheitsstadium verändert sich die Bereitschaft, personenbezogene Daten auch nicht anonymisiert weiterzugeben, deutlich. Das Deutsche Ärzteblatt hat dazu in den Jahren 2017 und 2018 mehrere Befragungen durchgeführt bzw. Literaturquellen untersucht, die alle zu einem ähnlichen Ergebnis führen

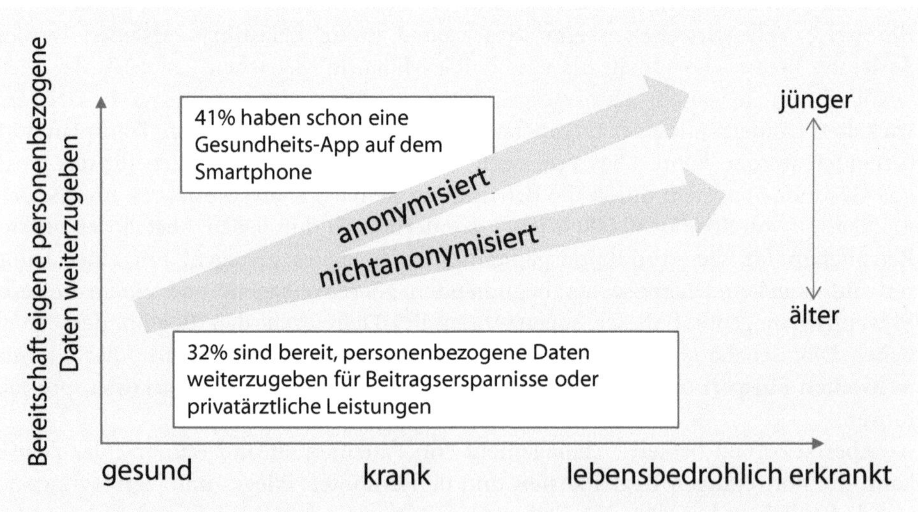

◘ **Abb. 5.1** Datenschutz ist wohl eher etwas für Gesunde. Diesen Eindruck bekommt man zumindest aus zahlreichen Studien, die sich mit dem Thema Datenschutz und Datenmissbrauch beschäftigt haben. Wer krank und insbesondere lebensbedrohlich krank wird, ist eher bereit auch nichtanonymisierte Daten öffentlich zur Verfügung zu stellen, und zwar die Jüngeren (Facebook-Generation) eher als die Älteren. Einige Verbände stellen sogar die Frage, ob es nicht sogar eine gesellschaftliche Verpflichtung von Patienten, oder „potenziellen" Patienten (mit Risikoprofil) gibt, ihre Daten zu teilen. Dies könnte eine schnellere und gezieltere Entwicklung von Medikamenten für die Solidargemeinschaft möglich machen. „Abfallprodukte" wären eventuell auch Therapien für sogenannte seltene Erkrankungen

wie eine entsprechende Vodafone-Studie. Dieses Verhalten ist wohl auch nur absolut menschlich und verständlich.

Auch wenn jeder Patient gemäß unserer freiheitlich-demokratischen Grundordnung selbst über die Verwendung einer elektronischen Gesundheitsakte bzw. der „Fremdnutzung" persönlicher Daten entscheiden kann, so ist es dennoch vorstellbar, dass die Daten aller Mitglieder der Solidargemeinschaft eines Tages zumindest anonymisiert für eine gute, sichere und einwandfreie Versorgung aller Patienten zur Verfügung gestellt werden müssen. Eine solche „Demokratisierung" aller verfügbaren digitalen Daten, ob aus elektronischen Gesundheitsakten, aus klinischen Studien oder anderen Quellen, mag zu Recht sehr radikal erscheinen, aber vielleicht bekommt nur derjenige seine Behandlung in Zukunft vollumfänglich erstattet, der bereit und willens ist, seine Gesundheits- und Krankheitsdaten der Allgemeinheit anonym (!!!) für eine bessere und bezahlbare Medizin der Zukunft zur Verfügung zu stellen.

5.3 App statt Sprechstunde – Entscheidungen durch assistierte Intelligenz

Ärzte müssen wandelnde Lexika sein. Sie sollen möglichst jede Krankheit nicht nur kennen, sondern auch an kleinsten Symptomen oder unklaren Angaben der Patienten oder von Dritten erkennen. Wie häufig höre ich selbst im Familien- oder Freundeskreis: „Du weißt schon welche Krankheit. Die mit den roten Flecken ohne Fieber und es zieht immer von links nach rechts. Tante Julliette ist daran vor 20 Jahren gestorben. Also?" Selbst erfahrene und versierte Diagnostiker stoßen dann an ihre Grenzen. Es gibt ja auch den alten Witz: „Mathematiker addieren alle Telefonnummern in einem Telefonbuch, Chemiker verbrennen es und Mediziner lernen alles auswendig". Aber wie kann man Telefonbücher auswendig lernen, wenn jeden Tag der Informationsgehalt einer ganzen Großstadt hinzukommt?

Noch heute haben viele Ärzte zahlreiche einschlägige Lehrbücher in den Regalen stehen, allerdings werden diese allenfalls alle paar Jahre um eine neue und aktuellere Ausgabe erweitert. Aber das kann kaum bedeuten, dass man mit solchen Lehrbüchern immer aktuell auf dem neuesten wissenschaftlichen Stand ist. Die zunehmende Verfügbarkeit von eBooks und Online-Journalen sowie Webcasts zu aktuellen medizinischen Fragen verkürzt deutlich diese Informationslücke. Außerdem weiß das Internet schließlich alles und dazu haben nicht nur die Ärzte und sonstiges Fachpersonal Zugang, sondern alle digital verknüpften Menschen, ob durch Computer, iPad, Smartphone oder entsprechende Armbänder, sogenannte „Wearables". Diese Quellen werden natürlich auch von Patienten benutzt, die sich Informationen über den Zusammenhang zwischen Symptom, möglicher Diagnose und erforderlicher Therapie machen wollen. Somit vermeidet man zunächst (längere) Wartezeiten auf einen Termin beim Arzt und auch im Wartezimmer, denn vielleicht lösen sich zahlreiche auch medizinische Probleme sozusagen „online". Für die jüngeren Generationen ist dieses Verhalten eine natürliche Selbstverständlichkeit und dies praktizieren sie jeden Tag im „Internet of things" (IoT) durch Online-Einkäufe, Internetbuchungen usw.

Da das Internet bekanntlich „alles" weiß und sich an alles erinnert, ist es auch eine bevorzugte Option zum Austausch von persönlichen und allgemeinen Informationen. Dies betrifft nicht nur die Behandlung durch einzelne Ärzte oder in bestimmten Krankenhäusern, sondern auch die Gestaltung von klinischen Studien, die in erster Linie von Pharmaunternehmen gestaltet und durchgeführt werden. Gerade bei Studien für Patienten mit seltenen Erkrankungen (sogenannten „rare diseases") oder begrenzter Lebenserwartung, wie bei angeborenen Gendefekten, werden Patienten und Angehörige vermehrt mit in die Planungen und Zielsetzungen von klinischen Prüfungen einbezogen. Somit wächst der unmittelbare Einfluss von Betroffenen auf das Gesundheitswesen, auch durch den Austausch von Erfahrungen mittels sozialer Medien. Dadurch kommt sich eine Leidens- und Erfahrungsgemeinschaft virtuell näher und die Einflussmöglichkeiten auch auf die Gestaltung von klinischen Studien oder einem verbesserten Management von Patienten wächst weiter. Überhaupt ist es ein Ziel einer Medizin 4.0, das Verhalten bzw. das persönliche Gesundheitsmanagement von Gesunden mit und ohne Risiko, erkrankten Patienten, älteren Menschen, Angehörigen, und allen anderen im Arbeits-, Gesundheits- und Pflegealltag nachhaltig zu optimieren.

Einen immensen Einfluss auf unser tägliches Verhalten haben inzwischen die sogenannten „Application software", umgangssprachlich auch „Apps" genannt. Gemeint ist damit eine Anwendungssoftware, die sich als „mobile Apps" millionenfach besonders auf unseren Smartphones befindet. Je nach Smartphone-Hersteller gab es 2017 über zwei Millionen Apps, davon ca. 100.000 Apps für Lifestyle-Aktivitäten und Fitness-Dokumentationen und dabei weniger als die Hälfte unmittelbar im Bereich von eHealth. Angeblich nutzt je nach Studie jeder zweite zumindest die Lifestyle- und Fitness-Apps, um die körperliche Aktivität (egal ob Laufen, Schwimmen, Treppensteigen usw.) zu messen, die aufgenommenen Kalorien zu zählen oder das eigene Schlafverhalten zu kennen (◘ Abb. 5.2). In unserer Familie hat jeder von uns ca. 60 bis 100 Apps auf dem Smartphone, allerdings unterscheidet sich die Funktion und Bedeutung doch erheblich. Während die jüngere Generation überwiegend Spiele- oder soziale Medien-Apps „hochgeladen" hat, sind es bei mir vermehrt Nachrichten-, Reise-, Wetter- und auch Gesundheits-Apps.

Die Funktionen solcher Gesundheits-Apps sind natürlich völlig unterschiedlich und von unterschiedlicher Qualität. Einige Apps helfen lediglich Ärzte zu finden (das kann übrigens auch Siri auf meinem Smartphone). Aber welchen Zweck sollen denn diese Apps tatsächlich erfüllen? Gibt es Applikationen, die auch Leben retten können? Zumindest gibt es Apps, die die Lokalisation des nächsten Defibrillators anzeigen oder auch Ratschläge bei einer kardiopulmonalen Wiederbelebung geben wollen. Ob dafür allerdings genug Zeit in einem akuten Notfall ist und diese nicht besser von den meisten Anwendern für das Absetzen eines Notrufs genutzt wird, bleibt noch dahingestellt. Dennoch gibt es die Notfall-Software „SmED" (Strukturiertes medizinisches Ersteinschätzungsverfahren für Deutschland), welche von der KBV (Kassenärztliche Bundesvereinigung) bei der Erstbewertung von Notfällen unterstützt wird. Allerdings ist dies noch evidenzbasiert und nicht durch eine KI-Software getrieben.

Dennoch erscheinen Apps besonders für die Kommunikation zwischen Arzt und Patient und das Monitoring von Krankheitsverläufen, für eine Patientencompliance und das richtige Therapiemanagement sinnvoll. Im Moment sind es wohl 1000

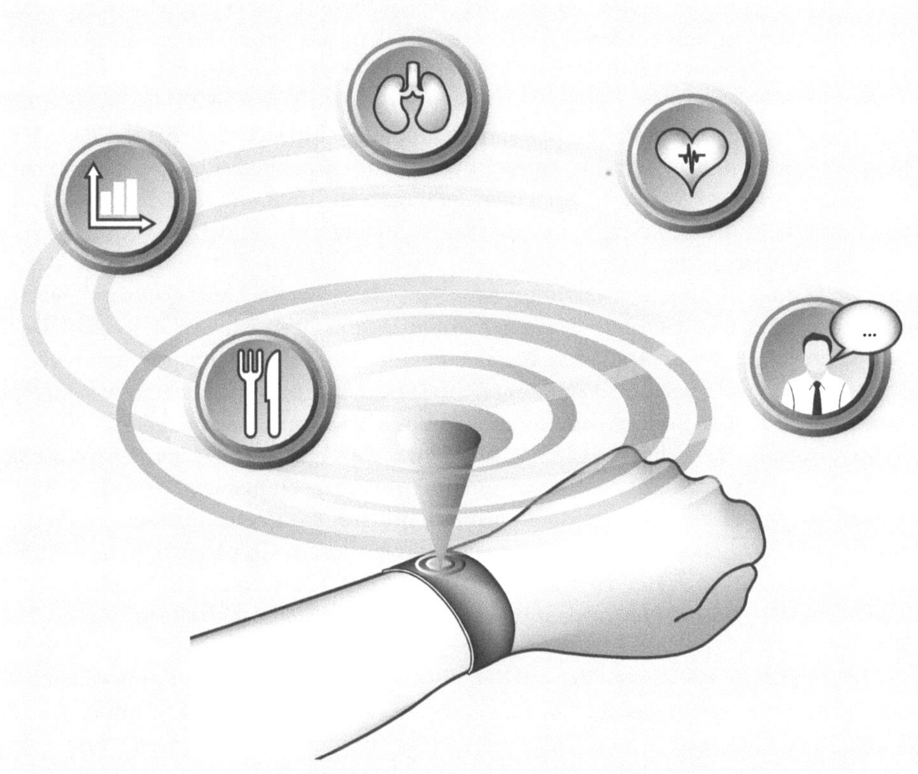

◨ Abb. 5.2 „Wearables" mit den entsprechenden Apps erfassen alle Vitalparameter und Metadaten, wenn nötig 24/7. Ziel ist natürlich in erster Linie die Gesunderhaltung mit möglicher Prävention, das frühe Erkennen von Krankheitszuständen bzw. Krankheitsrisiken und das Management von Erkrankungen

bis 3000 Apps, die für die Kommunikation zwischen Arzt und Patient hilfreich sind. Obwohl die Bereitstellung von Apps vollständig von der Industrie besetzt wird, ist aber eine Bewertung durch den Arzt und Patienten entscheidend. Die erste durch die Arbeitsgemeinschaft „Dia-Digital" zertifizierte App ist für das Monitoring und Management von Diabetes-Patienten geeignet. Dies kann besonders hilfreich sein bei dem Management von Komplikationen und ähnlichen Problemen.

Auch und vielleicht gerade in anderen Ländern steigt die Akzeptanz für entsprechende digitale Assistenzsysteme. Der britische Unternehmer Ali Parsa startete 2014 die Gesundheits-App „Babylon Health". Automatisierte Chatbots bieten virtuelle Sprechstunden bis zum automatisierten „Symptom Checker" für eine Selbstdiagnose; dafür bezahlt sogar die NHS (National Health Service: Gesundheitssystem in der UK) 28 GBP für eine einmalige Beratung. Das jährliche Abo kostet 56 GBP und der Zuwachs im ersten Jahr betrug 600 %. Ist das die Zukunft unserer Medizin? Denn heute schon nutzen nahezu alle Apps ein KI für ihre implementierten Lösungen und Anwendungen. Aber es stehen nicht nur Diagnose- oder Konsultations-Apps zur Verfügung, sondern selbst eine ärztliche verordnete Physiotherapie bzw. Krankengymnastik kann mittels entsprechender App auf dem mit einer Kamera ausgerüsteten Smartphone angeleitet und der Erfolg in Echtzeit überprüft werden.

Was ist, wenn der Patient den Arzt doch persönlich sehen will oder sogar muss? Auch hierfür gibt es zahlreiche Applikationen bzw. Suchmaschinen, die auf das „Matching" von Arzt und Patient bei einer entsprechenden Erkrankung spezialisiert sind. Ob „viz.ai" bei dem Verdacht auf einen Schlaganfall im Raum San Francisco oder „netdoktor.de", „dred.com/de", „patientus.de", „meinarztdirekt.de", „elvi.de", „minxli. com" oder andere deutschsprachige Apps für eine Online-Konsultation bzw. elektronische Visite oder das Ärztebewertungsportal Jameda – die Nachhaltigkeit und Wertigkeit solcher Apps und Online-Lösungen muss sich sicherlich noch beweisen. Denn noch kann keine dieser Apps den Bauch oder die Wirbelsäule ärztlich untersuchen, auch wenn eine intelligente KI umfangreiche Daten und Informationen aus Röntgen-, Ultraschall- oder CT-Bildern generieren und Vorschläge machen kann.

Allerdings gehen andere Länder tatsächlich auch schon weiter. In Schweden haben sich mehr als 3000 Menschen einen Mikrochip einpflanzen lassen, der u. a. die Körpertemperatur und andere gesundheitliche Parameter messen und speichern kann. Fast schon Routine sind solche implantierten Chips zur Dokumentation und Auswertung von Herzrhythmusstörungen und einer dadurch besseren Echtzeit-Diagnostik, gefolgt von einer individuellen medikamentösen oder invasiven Therapie.

Nahfeldkommunikations-Chips sollen eigentlich andere Zwecke erfüllen, nämlich als Eintrittskarte in ein gesichertes Büro oder als Bezahlmittel im Konsumergeschäft dienen. Natürlich sind solche Chips momentan immer noch „hackbar" und damit besteht grundsätzlich die Möglichkeit des Datendiebstahls.

Durch solche implantierten Chips oder auch nur durch die Verwendung von entsprechenden Apps entweder auf dem eigenen Smartphone und verbunden mit dem Fitnessarmband („Wearable") oder anderen Geräten für den sonst alltäglichen Gebrauch ist eine Datenübertragung in Echtzeit möglich.

◘ Abb. 5.3 zeigt z. B. eine mögliche Vision, wie sie Google und andere Firmen entwickeln und propagieren. Mit dem Smartphone ein Bild vom schmerzenden Rachen zu machen und dann zusammen mit der Körpertemperatur weiter zum Arzt zu schicken, unterstützt sicherlich gerade in den ländlichen Gebieten, eine flächendeckende Versorgung sicherzustellen. Und mit dem richtigen Aufsatz auf Smartphone gelingt wohl auch ein aussagekräftiges Bild und der Arzt am anderen Ende kann dann weitere Hinweise geben und falls notwendig den Patienten umgehend einbestellen.

Und so kann auch die intelligente Toilette über Blut im Stuhl oder auch Urin informieren und einen entsprechenden Alarm an das Smartphone oder auch direkt – abhängig von der Zustimmung durch den Patienten – an den Hausarzt schicken. Möglicherweise kommt dann die Meldung zurück, dass die zuletzt verordnete Einnahme von bestimmten Medikamenten zu falsch positiven Ergebnissen führen kann, dies aber dennoch bald einmal überprüft werden sollten.

Auch Bernd Montag, CEO von Siemens Healthineers, setzt Hoffnung auf die Verknüpfung von mehr als 500.000 unterschiedlichen medizinischen Geräten weltweit

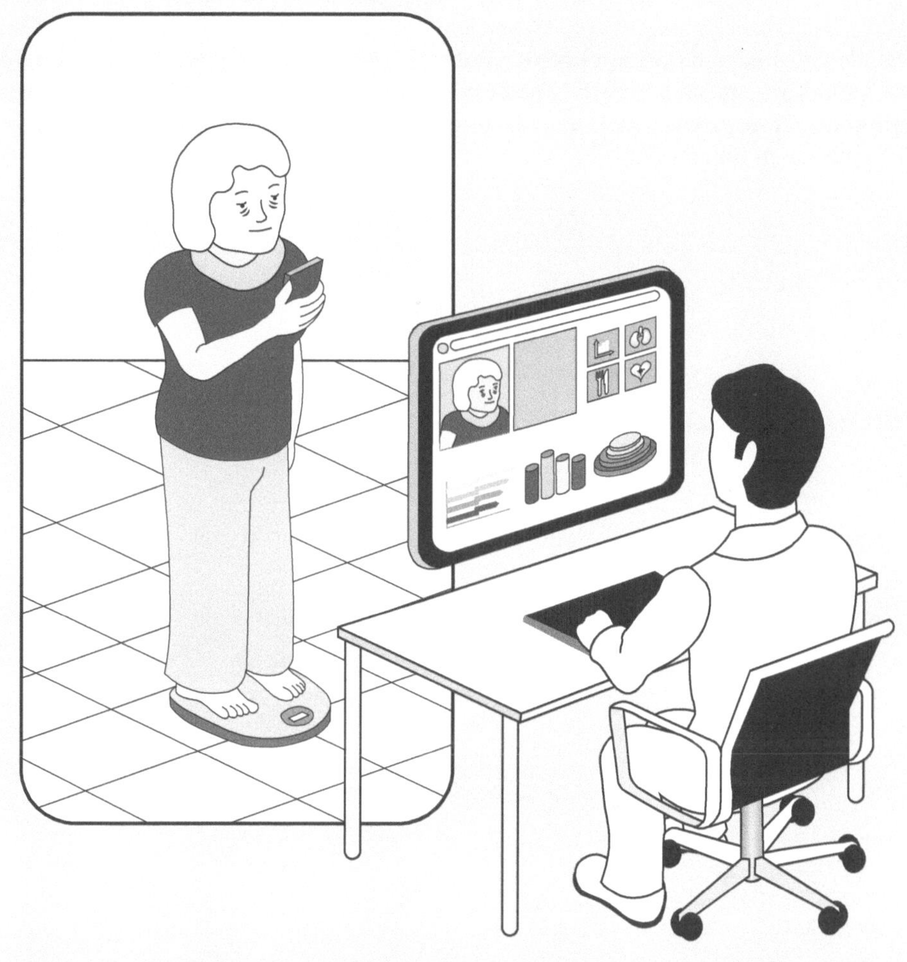

◘ Abb. 5.3 Googles Vision eines Gesundheits- bzw. Krankheitsmanagement durch das Übertragen von „Real life"-Daten in Echtzeit. Im Falle einer Veränderung im Muster kann der Arzt alarmiert, das Krankenhaus informiert oder Tabletten nachgeliefert werden. So ließe sich mittels einer entsprechenden Software durch eine Analyse der Gesichtsmimik oder der Bewegung der Verdacht auf einen Schlaganfall, ein kardiovaskuläres Problem oder eine depressive Grundstimmung erkennen

mit entsprechenden Datenbanken und Netzwerken. Das Problem ist im Moment noch, dass die meisten Messungen und damit die gewonnenen Daten teilweise relativ ungenau sind, da die Geräte für typische Fälle entwickelt wurden. Dies führt noch zu einer großen Variabilität und zu ungewollten Abweichungen, was bei der Entwicklung einer KI berücksichtigt werden muss.

Dennoch steht wohl außer Frage, dass die umfassende Sammlung von präzisen und unter kontrollierten Bedingungen gewonnenen Daten („Big Data") auch mittels

Apps das Gesundheitswesen nach einer entsprechenden Validierung im klinischen Alltag und das Verhältnis zwischen Arzt und Patient und die Art und Weise der Kommunikation miteinander und untereinander weltweit radikal verändern wird. Dies ist auch die Konsequenz aus dem Umbau unserer analogen in eine digitale Gesellschaft mit hoher Transparenz und einer akzeptierten und gewünschten Durchlässigkeit von Informationen für alle.

Helfende Hände, die niemals müde werden

© Springer-Verlag GmbH Deutschland, ein Teil von Springer Nature 2019
R. Huss, *Künstliche Intelligenz, Robotik und Big Data in der Medizin*,
https://doi.org/10.1007/978-3-662-58151-3_6

6.1 Die niemals müde Pflegekraft – Roboter in der Pflege

Die meisten nennen ihn oder wahrscheinlich richtiger „es" „Robbi" – ganz offensichtlich eine Referenz an die technische Herkunft seiner Art. Karl-Heinz kann sich aber gar nicht mehr richtig erinnern, wann genau Robbi erstmals in sein Leben trat. Denn Karl-Heinz ist inzwischen 93 Jahre alt, aber noch ziemlich rüstig. Daher lebt er wie viele andere seines Alters in einem Pflege- oder besser Seniorenheim, denn die eigene Familie wohnt in einem anderen Teil des Landes und teilweise auch im entfernten Ausland. Außerdem sind alle Kinder und Enkelkinder selbst noch berufstätig und natürlich sehr beschäftigt. Trotz modernster Kommunikationsmittel und auch regelmäßigen Telefonaten mit der Familie und einigen Freunden war Karl-Heinz einsam.

Im Zimmer von Karl-Heinz gibt es zahlreiche Erinnerungen an seine erfolgreiche berufliche und private Vergangenheit und die Bilder seiner verstorbenen Frau betrachtet er inzwischen weniger traurig als mehr aus Dankbarkeit für die glücklichen Jahre und die vielen gemeinsamen Reisen. Wie gerne würde er auch den anderen Menschen im Heim davon erzählen. Luise im Nachbarzimmer ist inzwischen aber keine gute Zuhörerin mehr. Am Anfang ihrer Nachbarschaft im Heim gab es noch häufiger gemeinsame Gespräche, aber in den letzten Monaten wird es immer schwieriger. Luise vergisst häufig die Mahlzeiten und fragt immer wieder nach seinem Namen. Natürlich weiß auch Karl-Heinz, dass das am Alter liegt und etwas mit „Demenz" zu tun hat. Deshalb versucht er auch die Geduld nicht zu verlieren, sondern auch noch die Pfleger im Heim zu unterstützen. Aber wie gerne hätte er noch einen guten Freund oder zwei, so wie damals, als er regelmäßig einmal in der Woche zum Kartenspielen ging.

Und dann kam eines Tages „Robbi". Mit einem leichten Surren schob sich der androide Roboter, nicht größer als ein reifer 10-Jähriger, in sein Zimmer, nachdem zunächst Schwester Simone eingetreten war. „Hallo", sagte das Ding sofort, „ich bin Robbi." und streckte Karl-Heinz seine weiß-metallische Hand entgegen. Karl-Heinz reagierte erst, als Schwester Simone ihm aufmunternd zunickte. Zögerlich ergriff Karl-Heinz die Hand, die sogleich sehr angenehm und fast fordernd seinen Händedruck erwiderte. „Fast menschlich", dachte Karl-Heinz und musste im Stillen zugeben, dass schon Robbis Stimme gar nicht so blechern geklungen hatte wie er es aus den meisten Science-Fiction-Filmen der Vergangenheit kannte. „Sehr angenehm. Und wer bist Du? Wie geht es Dir?" fragte offenbar Robbi.

Dann folgte allerdings eine Stunde von Erklärungen, wer und was Robbi ist. Seine Erfinder oder besser Entwickler, ein Professor und zwei Studenten der nahegelegenen Fachhochschule, waren hinter Robbi und Schwester Simone in das Zimmer von Karl-Heinz getreten. Sie sprachen und erklärten das Prinzip eines solchen Roboters und welche Aufgaben Robbi in Zukunft im Heim erfüllen sollte. Neben körperlich anstrengenden oder eintönigen Arbeiten, wie Betten machen oder Medikamente verteilen, sollte Robbi auch lernen ein Freund zu werden. Von den technischen Grundlagen hatte Karl-Heinz damals nicht viel verstanden, aber auf jeden Fall hatte der Professor ihn gebeten, Robbi sein Lieblingskartenspiel beizubringen. Wiederum im Stillen hoffte Karl-Heinz, dass dieser Robbi das Spiel schneller begreifen würde als sein alter Freund Otto, der es sein Leben lang nicht richtig konnte.

Inzwischen kennt Robbi alle Tricks des Spiels. Robbi weiß immer, welche Karten schon gespielt wurden und kann inzwischen ziemlich gut die nächsten Spielzüge vorhersagen. Das liegt wohl an seiner „selbstlernenden künstlichen Intelligenz" weiß

Karl-Heinz in der Zwischenzeit. Allerdings hat auch Karl-Heinz Robbi inzwischen etwas durchschaut. Immer wenn Robbi etwas mehr Zeit zum „Denken" oder „Überlegen" für den nächsten Zug braucht, dann erzählt er einen Witz. Und je schlechter der Witz, umso „unüberlegter" ist Robbis nächster Spielzug. Das gilt insbesondere bei neuen Spielen und dann kann man sogar noch gegen Robbi gewinnen. Trotzdem freut sich Robbi jedes Mal, wenn er gewonnen hat.

Karl-Heinz freut sich, dass Robbi jetzt da ist. Robbi hört auch geduldig zu bei seinen Geschichten aus der Vergangenheit. Er stellt intelligente Fragen und fragt nie zweimal dasselbe. Im Gegenteil, manchmal macht Robbi Karl-Heinz höflich darauf aufmerksam, wenn dieser eine Geschichte zum zweiten oder dritten Mal erzählt.

Auch für Luise ist Robbi inzwischen zum Partner geworden. Mindestens einmal am Tag, meistens zum Mittagessen, führt Robbi Luise in den Speisesaal und an ihren gedeckten Platz. Robbi holt dann Luises Essen in der Küche ab und hilft ihr manchmal auch beim Essen, denn Luise kann nicht mehr so gut das Fleisch schneiden oder den Fisch filetieren. Allerdings ist dies meist auch für Robbi nicht so ganz einfach, denn Luise mag Robbi gar nicht loslassen. Am liebsten streichelt Luise Robbi auch während des Essens den Roboterarm – oder haarlosen Kopf. Wenn dann Robbi manchmal gluckst als ob er kitzlig wäre, freut sich Luise besonders.

Natürlich ist dieses sehr „menschliche" Verhalten von Robbi oder anderen Robotern in der Pflege noch ein Zukunftsszenario. Aber wie in ◘ Abb. 6.1 dargestellt, ist die Zukunft besonders für die gemeinsame Unterhaltung von Heimbewohnern, die soziale Anbindung und auch die intellektuelle Herausforderung nicht mehr so fern.

Laut Sami Haddadins vom Lehrstuhl für Robotik und Systemintelligenz von der Technischen Universität in München wird das Fachgebiet der Geriatronic immer wichtiger. Da auch wir mit dem demografischen Wandel immer älter werden und die Pflegebedürftigkeit ebenso zunimmt, ist die Vorstellung eines Roboters am Krankenbett nicht mehr so weit hergeholt. In Japan wurde schon der sogenannte „Robear" entwickelt. Der aus „Roboter" und „Bär" zusammengesetzte Kunstname für diesen Assistenten in der Krankenpflege ist wohl auch Programm, denn mit den „bärenstarken" Kräften hilft er oder besser es (hier tut man sich mit der korrekten Genderbezeichnung noch schwerer) beim Umbetten von Patienten oder anderen körperlich schweren Tätigkeiten. Diese Kraft geht zurzeit aber wohl noch zulasten einer Feinmotorik und entsprechender Sensorik (◘ Abb. 6.2).

Schon heute fehlen zehntausende Pflegekräfte. Abhilfe könnten in der Tat intelligente und smarte Roboter schaffen – zum Vorteil aller, und besonders der zu pflegenden Menschen. Denn machen wir uns nichts vor: Die Alternative zu „Robbi" ist in absehbarer Zeit nicht, dass ein Mensch aus Fleisch und Blut diese Aufgaben übernimmt: Bis auf Weiteres kommt eben niemand oder es kommen nur sehr überforderte menschliche Pflegekräfte, die verständlicherweise die notwendige wichtige soziale und emotionale Zuwendung nicht adäquat übernehmen können (es sei denn, es gelingt der Politik hier entsprechende Anreizsysteme durch ein besseres Einkommen und bessere soziale Anerkennung für den Pflegeberuf zu erreichen). Zukunftsforscher gehen davon aus, dass in etwa 10–15 Jahren mehr Pflegeroboter geleast werden als Autos. In Japan unterstützen Roboter bereits heute die Pflegekräfte bei der täglichen Arbeit. Der Kern des Problems liegt nicht mehr unbedingt in den Möglichkeiten der technischen Umsetzung, sondern ist eine Frage der Erkenntnis und des Finanzierungssystems.

■ Abb. 6.1   Humanoide Roboter werden in Zukunft in allen Bereichen der Pflege ein alltägliches Bild sein. Dabei geht es nicht nur um die Übernahme schwerer körperlicher Arbeiten, sondern auch um eine Rundumversorgung unserer immer älter werdender Gesellschaft, sodass Robotern auch zunehmend soziale und kommunikative Aufgaben zukommen werden

Der digitale Wandel macht auch vor der Pflege nicht Halt und wird diese nachhaltig verändern. Dies betrifft eben auch Kostenträger wie Kranken- bzw. Pflegekassen, ambulante und stationäre Leistungserbringer, aber vor allem die Patienten und deren Angehörige. „Smart Services" und „Ambient Assisted Living" (damit ist die Unterstützung in der häuslichen Pflege gemeint) gewinnen immer mehr an Bedeutung. Der zweite Gesundheitsmarkt bietet hier smarte Lösungen, die durch den ersten Gesundheitsmarkt eben nicht abgedeckt werden. Auf der Seite der Nachfrage geht es um schnelle und intuitiv zu bedienende Lösungen, aus Anbietersicht um nachhaltig tragfähige Geschäftsmodelle. Doch wer soll das finanzieren?

Aber will ein Mensch tatsächlich von einer Maschine gepflegt werden? Da sträuben sich sicherlich bei vielen Lesern gleich die Haare. Nach einer überwiegenden Meinung können Roboter gegenwärtig vielleicht als Hilfe im Haushalt von Nutzen sein. Vielleicht können sie aber in absehbarer Zukunft auch bei der Grundpflege und bei der Behandlungspflege unterstützen. Und laut einer aktuellen und im November 2018 im Deutschen Ärzteblatt veröffentlichten Umfrage der Techniker Krankenkasse würden doch immerhin 39 % der Befragten akzeptieren, dass Roboter bei der Körperpflege und Hygiene helfen. Wenn Roboter manche pflegerische Aufgaben übernehmen würden, bliebe den Pflegekräften mehr Zeit und natürlich auch Kraft für Wichtigeres.

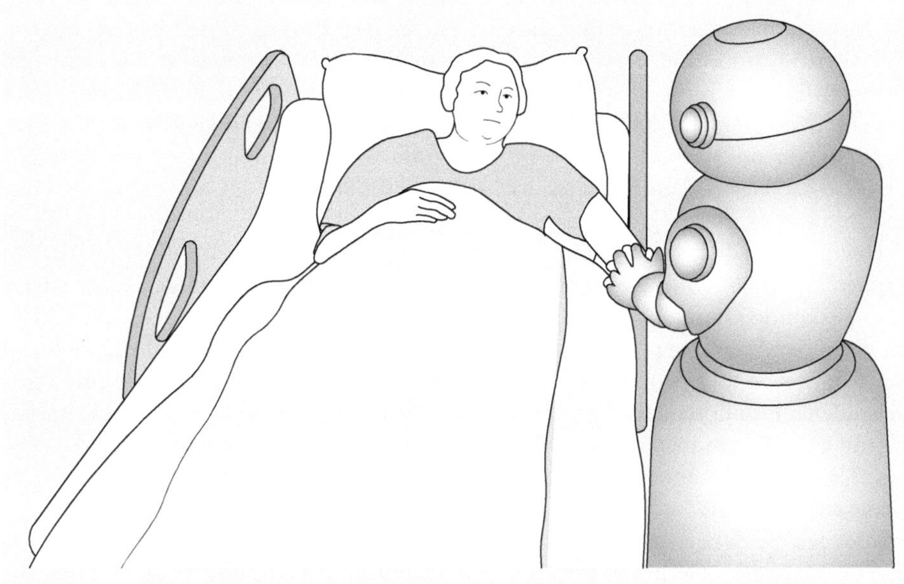

▣ Abb. 6.2 Humanoide Roboter werden zunehmend auch Aufgaben im normalen Krankenhaus- und Pflegebetrieb übernehmen, vorausgesetzt Mensch und Maschine finden sich sozial „gegenseitig" akzeptabel und kompatibel

Bis zur umfassenden Körperpflege könnte es allerdings noch etwas dauern, denn zum einen sind Roboter wohl noch nicht mit den notwendigen Fähigkeiten und Kenntnissen für die jeweiligen anatomischen Besonderheiten des einzelnen Patienten ausgestattet und nicht jeder vertraut einem Roboter in sehr persönlichen Körperbereichen, wie z. B. dem Genitalbereich. Einige schämen sich vielleicht sogar vor einem Roboter, anderen wäre es eben aus diesem Grund nur sehr recht, wenn diese Aufgaben ein „emotionsloser" Roboter übernehmen würde.

Kann und soll ein Roboter wirklich voll und ganz eine menschliche Pflegekraft ersetzen? Einen Menschen zu betreuen bedeutet doch weit mehr als reine „Technik", nämlich Hingabe, Zuneigung und Vertrauen, und das wird für lange Zeit weiterhin und wie oben schon erwähnt eine technologische Herausforderung für die Entwickler von entsprechenden Robotern sein. Aber vielleicht gelingt es mithilfe einer lernenden und voraussichtlich starken KI, dass sich auch ein Roboter auf menschliche Emotionen einstellen kann.

Auf der ganzen Welt leben heute ungefähr 1,2 Mrd. Menschen mit unterschiedlichen Formen der Behinderung. Die schon verfügbaren technologischen Lösungen könnten durch den Einsatz einer KI erheblich erweitert werden. *„Moderne Technologien können gerade für Menschen mit Behinderung die Brücke zu mehr Teilhabe an der Gesellschaft und im Berufsalltag bauen – deshalb ist es uns ein zentrales Anliegen, durch die neuen Fortschritte im Bereich Künstliche Intelligenz vorhandene Barrieren aktiv abzubauen"*, sagt Astrid Aupperle, Leiterin Gesellschaftliches Engagement von Microsoft Deutschland. Laut einer von Microsoft in Auftrag gegebenen Studie bewerten mehr als 70 % der Deutschen das Potenzial für mögliche Erleichterungen im Alltag von Menschen mit Behinderung durch KI oder den Einsatz von Robotern als eher groß bis sehr groß, und diese Entwicklungen sollte der Staat zum Wohle von Menschen mit Behinderung entsprechend fördern. Allerdings zeigte die Befragung auch, dass eine Akzeptanz für das Thema KI von konkreten Anwendungen wie in der Pflege oder Medizin positiv beeinflusst wird, denn der überwiegende Anteil der Befragten sieht die KI dagegen im Hinblick auf einen positiven Einfluss auf die Gesellschaft weiterhin kritisch.

Dennoch ist der erste Roboter schon Realität. Der humanoide Roboter namens „Pepper" kann 20 Sprachen sprechen und übersetzen und auch einige Lieder singen. Geschäftskunden bezahlen heute 20.000 US$ für einen einzelnen „Pepper" einschließlich eines Servicevertrags für drei Jahre. Angeblich gibt es schon 7000 dieser Exemplare zumindest in japanischen Familien. Pepper zeichnet sich aus durch eine schon vorhandene Emotionalität, Gestik und Gesichtserkennung und kann auch körperlich mit dem Gegenüber interagieren, z. B. durch Abklatschen und „High-Five". Peppers Gesicht wurde einem älteren Kind nachempfunden und dies entspricht auch der Körpergröße von 120 cm. Dies soll die emotionale Distanz zwischen Mensch und Roboter leichter überwinden helfen. Pepper ist nach Angaben der Hersteller in der Lage ein sinnvolles Gespräch für ca. 15 min zu führen, allerdings ist die Themenauswahl wohl noch begrenzt.

Die ersten Roboter, die tatsächlich zu therapeutischen Zwecken eingesetzt werden, gibt es ja auch schon bereits. Und natürlich findet man sie in erster Linie wieder in Japan. Die Erfolge sind durchaus sehr vielversprechend. Ein Beispiel hierfür ist Paro, eine Roboter-Robbe, die auch zu therapeutischen Zwecken eingesetzt wird. Paro ist quasi eine Puppe, die in erster Linie beruhigenden Einfluss auf Patienten hat. Nach dem Prinzip einer tiergestützten Therapie verfügt Paro unter seinem flauschigen hellen Fell über Sensoren, die wahrnehmen, wenn man ihn streichelt. Darauf reagiert Paro mit der Bewegung des Schwanzes sowie des Kopfs und der Augen. Der Roboter kann auch auf Geräusche reagieren und macht selbst robbenähnliche Geräusche. Schlägt man die Roboter-Robbe allerdings bewusst oder unbewusst, dann zieht sie sich zurück, während Paro sonst eher anhänglich ist.

Paro wurde in Japan von Takanori Shibata am National Institute of Advanced Industrial Science and Technology 2001 der Öffentlichkeit vorgestellt. Auch in Deutschland wird Paro in mehr als 40 Pflegeeinrichtungen als zugelassenes Therapiemittel besonders in der Betreuung von Menschen mit fortgeschrittener Demenz eingesetzt. Die Patienten sollen dadurch gesprächiger und gelöster werden. Sie soll die Pflege und Pflegekräfte unterstützen, nicht ersetzen.

Dennoch gibt es eine Reihe von ungelösten Herausforderungen, die nicht technologischer, sondern eher rechtlicher und ethischer Natur sind (vgl. auch ▶ Abschn. 2.4). Wer haftet, wenn der Pflegeroboter einen Patienten versehentlich zu Fall bringt und dieser sich durch einen Sturz verletzt? Oder wenn der Roboter die heiße Suppe auf einen bettlägerigen Patienten schüttert, während er diesen füttert? Kann sich ein Patient oder Heimbewohner den Zuwendungen oder der Unterstützung durch Roboter verweigern und auf einer menschlichen Fachkraft bestehen? Was ist in dem Fall, wenn der Roboter trotz „Verbots" das Zimmer des Patienten oder Heimbewohners versehentlich „betritt"? Wahrscheinlich ist der Fall ähnlich gelagert wie der Rasenmäher-Roboter, der das gepflegte Blumenbeet des Nachbarn abrasiert. Allerdings steht dann nur eine Sachbeschädigung und keine Beeinträchtigung des emotionalen oder körperlichen Zustandes eines Menschen im Raum. So gesehen gibt es noch viele unklare Verhältnisse in der Anwendung von Robotern in der Medizin oder Pflege, aber es ist nur eine Frage der Zeit, bis auch diese gelöst werden.

6.2 Mensch denkt, Maschine lenkt – Assistierte oder automatisierte Intelligenz

Bei dem Thema „Chirurgische Robotik" habe ich persönlich einen direkten Vergleich. Ich bin also quasi meine eigene Kontrollstudie, allerdings nicht verblindet. Bei mir wurde im Abstand von vier Jahren die gleiche Operation durchgeführt, einmal „offen" und einmal minimal-invasiv mit dem „DaVinci"-System. Die roboterassistierte und minimal-invasive Operation war in fast jeder Hinsicht angenehmer – sowohl in Bezug auf die Zeit im Krankenhaus als auch den postoperativen Heilungsverlauf. Natürlich wird der kritische Fachmann sofort betonen, dass der Vergleich hinkt. Erst einmal lagen vier lange Jahre medizinischen Fortschritts zwischen beiden Operationen und natürlich hätte ein erfahrener Chirurg die gleiche Operation manuell minimal-invasiv und ohne Roboterassistenz durchführen können.

Wie muss man sich einen solchen Eingriff vorstellen? Der Chirurg sitzt dabei einige Meter vom OP-Tisch entfernt an einer Konsole und steuert damit via Roboterarm die Mini-Instrumente im Körper des Patienten. Er bewegt so Schere oder Nadel. Dabei kann er mit extrem hoher Beweglichkeit vorgehen, als Basis dienen ihm dreidimensionale Bilder, die ihm eine Spezialkamera liefert. Das alles ist bis zu zehnfach vergrößert. „Sie haben den Eindruck, Sie stehen im Menschen drin", beschreibt Professor Klaus-Peter Jünemann, Urologe und Direktor des Universitätsklinikums Kiel. In mehr als 80 Kliniken werde mit diesem System schon gearbeitet und viele Kliniken hätten schon komplett umgestellt. „Der Gewinn für die Patienten ist gewaltig." Da kaum noch aufgeschnitten werde, sei Wundheilung fast kein Problem mehr, der Blutverlust gering, die Präzision enorm.

„Roboterassistierte Systeme und Hochpräzisionsroboter spielen schon länger eine Rolle in der klinischen Routine", sagt Jünemann und die Zukunft heiße „augmented reality": Das Diagnosebild --etwa ein markierter Hirntumor – soll in das OP-Bild projiziert werden. Der Operateur weiß dann ganz genau, wo der Tumor verborgen ist und entfernt ihn, ohne gesundes Gehirngewebe zu zerstören.

Die möglichen Einsatzgebiete sind vielfältig und im Moment liegt der größte Wert wohl noch bei Rekonstruktionen oder Resektionen auf engstem Raum oder zur Durchführung von tiefen Anastomosen (gemeint ist damit hier die Verbindung von meist zwei anatomischen Strukturen, z. B. Blutgefäßen, Harnleiter oder Darmabschnitten mit chirurgischen Nähten). Besonders bei limitierter Sicht tief in einer Körperhöhle, z. B. dem kleinen Becken, kann sich der Operateur auf einen Bereich fokussieren, allerdings dann mit Lupenvergrößerung und unter dreidimensionaler Sicht. Daher findet diese Methode im Moment überwiegend bei laparoskopischen Eingriffen ihren Einsatz, d. h. Eingriffen im Bauchraum. Allerdings werden auch immer mehr Einsätze in der Thoraxchirurgie (Herz- und Lungenchirurgie) oder in der

Hals-Nasen-Ohren-Medizin durchgeführt und eine Ausweitung auf andere Bereiche ist nur eine Frage der Zeit und der Verfügbarkeit neuartiger Instrumente.

☐ Abb. 6.3 zeigt schematisch einen möglichen Arbeitsablauf eines computer-assistierten Eingriffs unter Berücksichtigung einer sorgfältigen Planung mit Qualitäts-kontrolle und Durchführung auch mithilfe einer „augmented reality".

Besteht bei einem Patienten Krebsverdacht, so soll häufig vor einem großen Ein-griff mit längerer Narkosezeit eine Biopsie Klarheit bringen. Bei solchen Gewebe-entnahmen ist oft höchste Präzision gefragt, um an die gewünschten Zellproben zu kommen. Dabei könnte in Zukunft immer häufiger ein Roboter im Operationssaal hel-fen. Die Maschine manövriert die Nadel schnell und präzise an die optimale Stelle – eine sonst schwierige, zeitaufwendige Aufgabe für den Arzt. Dann bringt der Medi-ziner die Biopsie-Nadel durch eine Führung in Position, die der Roboter hält. Ver-wackeln ist ausgeschlossen. Die Hand des Arztes wird keiner Strahlung ausgesetzt, wenn diese Prozedur mithilfe einer Röntgenkontrolle durchgeführt wird. Einen sol-chen Roboter haben Forscher vom Fraunhofer Institut erschaffen. Dafür wurde ein Roboterarm, der bereits in der Industrie eingesetzt wird, für den medizinischen Zweck weiterentwickelt.

Jedoch fehlt heute zumeist ein „taktiles Feedback", d. h. der Operateur spürt nicht die Konsistenz des Tumors bzw. Übergänge zwischen hart und weich. Dies ist besonders in der onkologischen Chirurgie wichtig, denn dort ist die „Erfassung" einer Ausbreitung des Tumors mit dem Ziel einer möglichst weitgehenden oder sogar voll-ständigen Resektion essenziell. Gleichzeitig will man wichtige benachbarte Strukturen, wie z. B. Blut- und Nervenbahnen, nicht gefährden. So finden roboterassistierte Sys-teme schon Anwendung für stereotaktische Eingriffe z. B. in der Hirnchirurgie nach einer dreidimensionalen Darstellung des Tumors durch bildgebende Verfahren.

Allerdings sind auch hier schon weitere Entwicklungen denkbar: Eben ein sehr sensitiver Roboter, der Injektionen setzen kann oder ein robotischer „Wurm". Er bohrt

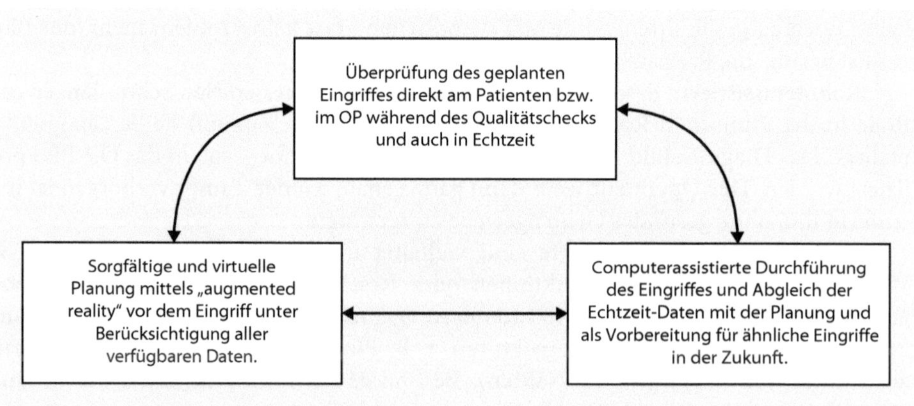

☐ **Abb. 6.3**   Eine Echtzeit-Visualisierung und Echtzeit-Analyse von allen verfügbaren und relevanten Patientendaten mithilfe einer „augmented reality" erlauben dem Chirurgen schon vorab virtuell, direkt vor dem Eingriff oder während der Prozedur zu planen, zu simulieren und diese unterstützt durch den Roboter durchzuführen

um die Ecke und soll minimal-invasiv schon bald bei einem Innenohr-Tumor zum Einsatz kommen. Schon heute modernisieren viele Kliniken derzeit ihre OP-Säle und investieren immer öfter in Roboter-Assistenzsysteme, auch wenn der unmittelbare Nutzen in der Fläche zurzeit noch nicht gegeben ist.

Neue Technologien werden immer auch von hohen Erwartungen begleitet; dies gilt natürlich auch für die Einführung der ersten OP-Roboter. Doch zu hohe Erwartungen werden zwangsläufig enttäuscht. So gab es auch auf diesem Gebiet bereits einige Ernüchterung. Und nicht nur das, sondern auch ernsthafte Verletzungen. Schon in den 1990er Jahren stand der künstliche Kollege „RoboDoc" in mehr als hundert deutschen Operationssälen. Er sollte das Einsetzen von Hüftgelenksprothesen genauer und einfacher machen – mit eindeutigen Vorteilen für die Patienten: schnellere Heilung, kürzere Erholungszeit. Doch leider kam es in vielen Fällen ganz anders. Etliche Male fräste Robodoc zu viel vom natürlichen Knochen ab, manchmal tat er dies sogar an der völlig falschen Stelle. In anderen Fällen wurden die umliegenden Muskeln so stark gedehnt, dass die Patienten monatelang mit Problemen zu kämpfen hatten. Somit war die damalige Anwendung von „Robodoc" nur ein verfrühtes Intermezzo für computerassistiertes Operieren.

Bisher gibt es dazu wohl keine ausreichenden prospektiven Studien, denn noch hängt auch viel vom Geschick und der Erfahrung des Chirurgen ab, da die aktuellen Systeme noch nicht autark arbeiten. Um ausreichend Erfahrung zu sammeln, braucht es nach heutigen Erkenntnissen einige hundert Operationen. In Deutschland wird das Verfahren im Moment noch nicht erstattet, eben weil es keine vergleichenden Studien gibt.

Viele Patienten wollen aber immer noch einen erfahrenen, selbstständig denkenden Menschen bei einer OP anwesend haben. Die Verwendung von Robotern im OP schließt den erfahrenen Arzt jedoch nicht aus – ganz im Gegenteil: Roboter sind ideal, um ihn bei der Arbeit zu unterstützen. Ein Roboter kann und soll den Arzt nicht ersetzen, aber er kann ihm ein wichtiges Werkzeug sein. Wie andere Werkzeuge kann er dabei ganz verschiedene Formen haben. So ist beispielsweise ein DaVinci-Chirurgiesystem größer als ein Mensch und hat vier Arme, die durch Steuerung des Arztes an einer Konsole bewegt werden. Dagegen ist der Roboter des Renaissance-Systems von Mazor Robotics gerade mal so groß wie eine Coladose, die ihren einen Arm nach Aufforderung an eine vorher programmierte Position bewegt, jedoch die eigentliche Operation eben nicht selbst durchführt. Der Roboter hält dem Arzt lediglich die Instrumente akkurat an der gewünschten Stelle, sodass dieser die entsprechende Operation noch präziser und sicherer als bisher ausführen kann. So sind die verschiedenen Roboter in der Medizin Spezialwerkzeuge, die die Leistungen des Arztes unterstützen und gemeinsam mit ihm für ein besseres Ergebnis sorgen können. Bereits heute wird der Roboter im OP zum Teammitglied und dies wird in Zukunft sicher noch verstärkt werden, denn dadurch, dass der Roboter mit seiner hohen Spezialisierung dem Menschen im wahrsten Sinne des Wortes zur Hand gehen kann und auch nicht ermüdet, kann die operative Medizin sicherer werden. Also warum sollte man auf die Unterstützung eines solchen Helfers bei einer OP verzichten und nicht von den vielen Vorteilen profitieren?

Vor allem das Zusammenspiel von Mensch und Maschine steht weiterhin im Fokus der Entwicklung. Die technische Unterstützung der Chirurgen ist sinnvoll und in Zukunft nicht mehr aus den Operationssälen wegzudenken, darin sind sich alle Experten einig. Ob Roboter jemals jedoch über die Rolle des Assistenten hinauskommen werden, muss sich noch zeigen und hängt sicherlich auch von den Möglichkeiten der KI in der operativen Medizin ab. Bis dahin werden Roboter die Arbeit der Ärzte besser und genauer machen, aber der Chirurg bleibt auch auf absehbare Zeit im Operationssaal unersetzbar.

Allerdings unterstützen intelligente Systeme auch andere Verfahren der modernen Chirurgie, z. B. die Gewebeentnahme vor Ort und in Real-time (wie oben erwähnt) – heute gibt es schon solche Systeme. Ein anderes Beispiel ist die gezielte Entnahme von Stammzellen, um künstliche (Teil)Organe damit zu besiedeln. In einem solchen Fall kann dann gleich aus dem OP heraus die individuelle Vermessung und eventuell der 3-D-Druck von „Ersatzteilen", z. B. einem Gefäßersatz oder einer Herzklappe erfolgen.

Die intelligente Automatisierung erreicht natürlich auch schon die Diagnostik, z. B. in der Mikroskopie. Zeit- und kostensparend wäre ein Vorscreening zum Auffinden von Region-of-interest bzw. Hotspots, was heute noch in der Zytologie sehr mühsam ist. Auch hier gibt es schon verfügbare Lösungen und es greift zusätzlich das Argument der Qualitätssicherung. Denn durch die Anwendung einer entsprechenden dokumentierenden Software kann sichergestellt werden, dass der Pathologe auch wirklich alle (auffälligen) Bereiche des Präparats bewusst gesehen hat. Das entspricht der gegebenen Sorgfaltspflicht und lässt ihn nachts ruhig schlafen.

Eine umfassende Akzeptanz von Robotern in der Medizin ist trotz großer Fortschritte noch nicht sicher vorhersehbar, aber schon heute sind sie auch aus dem Gesundheitswesen nicht mehr wegzudenken. Meist verrichten die Roboter wie in der Industrie 4.0 ihren Dienst im Stillen und im Hintergrund. Sie transportieren Blutkonserven, Akten oder Wäsche, sie schütteln Reagenzgläser oder füllen Proben ab und stellen Tablettenschachteln zusammen. Aber soll ich mich von einem Roboter operieren lassen oder kann er eine Diagnose stellen? Bei den meisten von uns werden sich sofort Bedenken stark machen. So würden aber wohl auch 61 % der Deutschen wie ich im Krankheitsfall einen Operationsroboter doch in Anspruch nehmen.

Ein ganz anderes und sicherlich noch futuristisches Gebiet soll an dieser Stelle nicht ganz unerwähnt bleiben. Stellen Sie sich vor, statt der Einnahme von Medikamenten nehmen Sie einen Cocktail mit Nanorobotern zu sich. Diese winzig kleinen KI-getriebenen Helfer aus den Laboren der Nanotechnologie werden dann bei Bedarf in Bereitschaft versetzt. Bei den ersten Anzeichen einer Infektion oder krankhaften Veränderungen in unserem Körper werden sie aktiv. Sie greifen sofort schädliche Bakterien oder Viren an, vernichten auch Krebszellen oder reparieren schädliche Zellen. Die zurzeit noch fraglich realistische Hoffnung ist, dass dann selbst Krankheiten wie Krebs oder Multiple Sklerose der Vergangenheit angehören.

6.3 Ich denke, also laufe ich – Intelligente Bewegungsassistenten oder Lazarus läuft wieder

Nennen wir unseren Protagonisten in diesem Beispiel einfach „Lazarus". Das Schicksal ereilte ihn ganz plötzlich, wobei die Ursache eigentlich nebensächlich ist, denn nur das Ergebnis ist von tragischer Bedeutung. An die ersten Worte des Notarztes und der Besatzung des Rettungshubschraubers kann sich Lazarus ebenso nicht mehr erinnern, wie an fast alles andere, was in den ersten Wochen nach dem tragischen Ereignis geschah. Irgendwann hob sich der Schleier des „Noch-Nicht-Verstehens" bzw. des „Nicht-Verstehen-Wollens", der sich bis dahin gnädig über das eigene tiefere Bewusstsein gelegt hatte. Es dauerte eine Zeit, bis Lazarus die ganze Wahrheit, seine neue Situation und das räumliche Umfeld realisierte: Das Bett in einer Pflegeintensivstation für Paraplegiker.

Durch den für Lazarus selbst nicht mehr erinnerlichen Sturz mit dem Mountainbike auf einem steil abschüssigen Schotterweg im Gebirge war es zu einer Fraktur der unteren Halswirbelsäule gekommen und nur der Helm hatte noch Schlimmeres verhindert. Nun fragen sich dann meist viele Betroffene – und das gilt natürlich auch für Lazarus – ob es nicht besser gewesen wäre, wenn die Verletzung gleich tödlich gewesen wäre. Denn so musste nicht nur die eigene gesundheitliche Situation verkraftet werden, sondern insbesondere auch die mitleidvollen und unendlich traurigen Blicke der Eltern, des Partners, der Freunde oder der nun ehemaligen Kollegen. Zweifellos bleibt immer die Hoffnung auf ein medizinisches Wunder oder darauf, dass die betroffenen Nerven wieder zusammenwachsen. Dies gilt besonders bei den sogenannten „inkompletten" Querschnittsyndromen, bei denen das Rückenmark und seine langgestreckten Nervenfasern nicht vollständig durchtrennt wurden. Gerade auf diesem Gebiet gibt es zunehmend viele, teilweise neue Heilversprechen, aber auch ernsthafte und seriöse Therapieansätze, z. B. mithilfe von (reprogrammierbaren) Stammzellen. Aber bis zu einem erfolgreichen und nachweislich anerkannten klinischen Einsatz bei Patienten wie Lazarus braucht die Erforschung solcher Verfahren zweifellos noch viel, viel Geld und wahrscheinlich noch viel mehr Zeit.

Da viele Betroffene diese erforderliche Zeit nicht mehr haben, versuchen einige manchmal in ausgesprochen eindrucksvoller Weise, ihre Situation als neue und manchmal kreative Chance zu sehen, obwohl sich wohl niemand freiwillig dieses Schicksal aussuchen würde. Wer erinnert sich nicht an das Schicksal von Samuel Koch, der in einer bekannten deutschen Unterhaltungsshow schwer stürzte und von da an querschnittgelähmt war? Immerhin hat er es inzwischen zum Schauspieler und Buchautor gebracht.

Samuel Koch kann selbst noch sprechen und sich verständlich äußern, aber dies gilt nicht für alle diese Patienten. Nun erlaubt aber auch hier schon die Verwendung von KI eine Anwendung und Erweiterung modernster Kommunikationsmethoden. Selbst bei den Patienten (und Lazarus zählt in unserem Beispiel nicht dazu), die aufgrund von Verletzungen der oberen Halswirbelsäule auf eine künstliche Beatmung angewiesen sind, ist eine Kommunikation mit der Um- und Außenwelt nahezu problemlos möglich. Die moderne und KI getriebene Gesichts- und Bewegungserkennung (natürlich in erster Linie der Augenbewegungen) erlaubt eine Übersetzung in eine uns geläufige Sprache, die aus verständlichen Buchstaben, Worten und Sätzen besteht.

Nun machen wir uns trotzdem nichts vor: Trotz einer vielleicht machbaren Kommunikation mit der Umwelt ist dies für keinen im Umfeld – und schon gar nicht für den Betroffenen – eine befriedigende Situation; zudem führt diese auch nicht annähernd zur normalen Lebenserwartung des Patienten. Unser ganzes Herzkreislaufsystem, der Verdauungstrakt, der Stoffwechsel und das gesamte Nervensystem (ganz unabhängig von der psychischen Situation) sind auch noch nach vielen Jahren oder besser Jahrzehnten im Fernsehsessel, vor dem PC und in langen Verkehrsstaus auf körperliche Bewegung ausgerichtet. So wäre es auch Lazarus' Schicksal geblieben, dass seine gesamte Skelettmuskulatur atrophisch wird, begleitet von allen anderen körperlichen Folgeerscheinungen. Auch eine exzellente und erfolgreiche Physiotherapie, die heutzutage in vielen Zentren zum umfassenden Behandlungskonzept gehört, kann den „körperlichen Verfall" allenfalls herauszögern und Komplikationen mildern, diesen aber wohl nicht verhindern. Noch im gesamten letzten Jahrhundert wäre dies die „lebenslange" Situation geblieben, wobei sich sicherlich auch Lazarus zu Recht die Frage nach der Qualität eines solchen Lebens gestellt hätte.

Nun begannen zu Beginn dieses Jahrhundert wissenschaftliche und auch klinische Forschungsaktivitäten, die die natürlich verbliebenen Funktionen des Gehirns und in erster Linie die des Großhirns (Cortex) nutzen möchten, um Systeme selbst zu steuern, die die eigene Bewegung assistieren („Roboter" oder „Maschinen"). Voraussetzung für die Bedienung eines solchen gedanklich steuerbaren, äußeren Skeletts (Exo-Skelett oder auch Neuroprothese) ist eine Verbindung zwischen dem Großhirn und der Maschine, das sogenannte „Brain-Computer-Interface" (BCI) oder auch manchmal „Mind-Machine-Interface" (MMI) genannt. Zunächst sollten solche Apparate vorwiegend implantierbar sein, um insbesondere aufgrund der doch meist noch vorhandenen Anpassungsfähigkeit des eigenen Gehirns (Neuroplastizität) die Hör- und Sehfähigkeit wieder herzustellen. Erst später sollte die willkürliche Bewegung, d. h. die wieder bewusste Steuerung des ansonsten gelähmten Bewegungsapparats hinzukommen.

Voraussetzung dafür ist die Entdeckung von messbaren, oszillierenden Gehirnströmen einer bestimmten Frequenzbreite und die Entwicklung des sogenannten Elektroenzephalogramms (EEG) zu Beginn des 20. Jahrhunderts. Ursache dieser Potenzialschwankungen sind physiologische Vorgänge einzelner Gehirnzellen, die durch ihre elektrischen Zustandsänderungen zur Informationsverarbeitung des Gehirns beitragen. Entsprechend ihrer spezifischen räumlichen Anordnung im Cortex lassen sie sich verschiedenen bestimmten Funktionen, darunter auch Bewegungen (motorische Funktion) zuordnen.

Sie kennen das doch sicherlich auch: Als Kleinkind begann jeder neue Schritt mit einem eigentlich bewussten, dennoch unbewussten Gedanken, wenn Mama sagte: „Nun komm doch! Das schaffst Du schon!" Klar hat man damals die Worte nicht bewusst verstanden, aber es war jedem Kleinkind eindeutig klar, was gemeint war. Obwohl das Kind es bis zu diesem Zeitpunkt noch nie gemacht hatte, sollte es jetzt aufstehen und laufen. Na klar, die Erwachsenen, also Mama und Papa, Oma und Opa können es ja. Aber es war halt doch ein längerer Weg von der Beobachtung, der Vorstellung bis zu dem Zeitpunkt, an dem wir zunächst schwankend aufstanden, um uns dann unter der großen Freude der Eltern selbst mit Nutella verschmierten Fingern am teuren Ledersofa festzuhalten. Dieser Vorgang lief solange ab, bis wir die Koordination für das Aufstehen und Laufen im Kleinhirn gespeichert hatten und alles automatisch ablief. Gleichzeit entstand eine Nulltoleranz gegenüber Nutella-Fingern auf Ledersofas.

Immer neue Bewegungen wurden im Laufe des Lebens erlernt, manche bis zur Perfektion, andere blieben dagegen rudimentär. So kann man sich Bewegungen und deren Abläufe jederzeit natürlich auch vorstellen, d. h. visualisieren. Denken Sie nur allein an Skirennläufer, die zu Beginn eines Rennens oben am Starthäuschen alle Kurven und Tore nochmals geistig durchgehen.

Manche intuitiven Bewegungen bleiben auch ein Leben lang reflexartig erhalten. Wenn ich heute selbst ein Fußball- oder Handballspiel im Fernsehen anschaue, dann reagiere ich manchmal spontan und versuche tatsächlich den Ball noch dank funktionierender Spiegelneurone in der letzten Sekunde ins Tor zu schieben und nach dem Ball zu greifen. Das passiert natürlich nicht bewusst, sondern reflexartig und trägt eigentlich auch nur zur Belustigung meiner Mitfernsehschauer bei.

Um aber komplexe Körperbewegungen des gesamten Skeletts am Gehirn aufzuzeichnen und befehlshaft an einen Computer zu übertragen, ist die notwendige anatomische Ortsauflösung des üblichen EEGs doch zu ungenau. Wenn eine höhere Ortsauflösung benötigt wird, so müssen die Elektroden nach neurochirurgischer Eröffnung des Schädels direkt auf die zu untersuchende Hirnrinde aufgelegt werden. In diesem Falle spricht man von einem Elektrocorticogramm (ECoG). Das ECoG ermöglicht eine räumliche Auflösung von unter 1 cm und bietet zusätzlich die Möglichkeit, durch selektive elektrische Reizung einer der Elektroden die Funktion der darunterliegenden Hirnrinde zu testen. Dies kann für den Neurochirurgen, z. B. bei Eingriffen in der Nähe der Sprachregion oder bestimmter motorischer Einheiten, z. B. im Gyrus praecentralis, von größter Wichtigkeit sein. Die daraus resultierenden Daten können von geübten Spezialisten unter Zuhilfenahme von KI auf auffällige Muster untersucht werden. Es gibt aber auch schon umfangreiche Software-Pakete zur automatischen Signalanalyse. Eine weitverbreitete Methode zur Analyse des EEGs ist die Fouriertransformation der Daten vom Zeitbereich. Die so gewonnene Darstellung erlaubt die schnelle Bestimmung von rhythmischer Aktivität. Auch hier hilft die KI um Gehirnströme, d. h. eigentlich die Gedanken an eine bestimmte und effektive Bewegung, in einen Maschinenbefehl umzusetzen.

Die direkte und unmittelbare Verbindung von Gehirn und Maschine ist auch für ein sensorisches Feedback vom Roboter zum Gehirn wichtig. Denn nur die Kenntnis bzw. das „Gefühl" über die Position des Arms oder Beins im Raum und im Verhältnis zum restlichen Körper macht einen effektiven und auch kontinuierlichen Bewegungsablauf möglich, obwohl dies ja auch noch mit den Augen kontrolliert und überprüft werden kann.

Kommen wir nun zurück zum BCI oder MMI oder vielleicht noch bekannter BMI („Brain-Machine-Interface"), also die direkte oder verstärkte (Draht-)Verbindung zwischen der Großhirnrinde und der Maschine bzw. Roboter, die so eine Kommunikation zwischen den bewussten Gedanken an eine Bewegung und der Umsetzung durch den tragbaren „Apparat" ermöglicht.

Tragbare Roboter sind in erster Linie personenspezifische „Geräte", üblicherweise in Form sogenannter Exo-Skelette, eines beweglichen Mechanosystems in der abstrakten Form eines Skeletts mit einer äußeren Wirbelsäule und damit verbundener Extremitäten, das außen am Körper angebracht wird. Aber die Bewegungen mit einem solchen Exo-Skelett müssen auch erlernt werden und sind nicht trivial. So wie der Mensch im Laufe seines Lebens Bewegungsmuster erlernt (z. B. einen nahezu perfekten Golfabschlag), so unterstützt die KI auch das Erkennen und die Speicherung erfolgreicher Bewegungen mit einem solchen „Apparat" – vom Gedanken bis zum Ersteigen einer Treppe. Die Realität kann so sogar durch einen Computer noch verstärkt werden („augmented reality"), auch um den Patienten übliche menschliche

Bewegungen „vorzudenken" bzw. Gedanken zu „erleichtern", z. B. einen Fuß vor den anderen zu setzen und an einer Stufe diesen auch noch anzuheben.

So ist dieser Ansatz natürlich übertragbar auf nahezu alle Formen der motorischen Behinderungen, nicht nur nach traumatischer Paralyse (einer Querschnittlähmung nach Mountainbike-Unfall wie bei Lazarus), sondern auch bei neurodegenerativen Erkrankungen wie Morbus Parkinson oder fokalen Hirnstörungen, z. B. bei einer Epilepsie. So versteht der Experte unter dem Begriff „Neuronal Computing" eine noch verbesserte Kommunikation zwischen dem Gehirn und Maschine durch eine optimierte Informationsverarbeitung und gleichzeitig das gegenseitige Verständnis von Befehl (Gedanken) und erfolgreicher Ausführung (Motorik).

Es versteht sich wohl von selbst, dass dies nicht nur ein wissenschaftlich spannendes und medizinisch notwendiges Forschungs- und Entwicklungsgebiet ist, sondern zweifellos auch ein ertragreiches Geschäftsfeld.

So beschäftigt sich die Firma BrainCo in Boston mit der Entwicklung neuartiger und immer präziserer BMI, um so nur durch die Kraft der Gedanken „Maschinen" besser steuern zu können. Ähnliches versucht auch der „Big-Data"-Riese Facebook, um so allein durch Gedanken die Kommentare in den sozialen Medien steuern zu können. Zweifellos ist dies im Moment ebenfalls noch eine Zukunftsvision, aber es klingt natürlich schon sehr nach dem Versuch Gedanken von außen lesen zu wollen. Wenn man lesen kann, dann kann man auch irgendwann schreiben – ebenso wie in unserem oben beschriebenen Beispiel des „sensomotorischen Feedbacks": Wo und wie steht mein Arm im Raum, nachdem ich daran gedacht habe ihn zu heben?

Auch Elon Musk, der Begründer von PayPal, Tesla und dem SpaceX-Projekt, hat sich mit seiner Firma Neuralink dem Thema BMI zugewandt. Ziel ist unter anderem die Erweiterung des menschlichen Körpers („Human Enhancement"), auch um unter Zuhilfenahme von KI in Zukunft schwere Erkrankungen des Zentralnervensystems behandeln zu können. An gleicher Stelle steht bei Elon Musk aber auch die Beurteilung von Gefahren durch eine potenziell gefährliche Verwendung der KI, z. B. wenn die Menschheit oder die KI den Moment der Singularität erreicht hat.

Aber was passiert (theoretisch) mit Lazarus? Ein geschickt operierender Neurochirurg hat die Schädeldecke eröffnet und die notwendigen Sensoren dank KI assistierter Anleitung an die richtigen Stellen platziert bzw. Implantiert. Auch hierbei hilft dem Operateur zur anatomischen Orientierung ein lernendes Computerprogramm, um das BMI an der richtigen Stelle zu platzieren. Schnell beginnt für Lazarus der Training. Er überwindet die vielleicht natürliche Abneigung nun ein „Bionic Man" zu sein und lernt Gedanken in Bewegung zu übersetzen. Die so gesteuerten und computerkontrollierten Bewegungen sind anfangs häufig ungelenk, unkoordiniert und teilweise völlig falsch. Am Ende der ersten Übungsstunden ist Lazarus nicht nur körperlich erschöpft, sondern auch mental. Aber sowohl Lazarus als auch der Comuter lernen schnell.

Während die natürlich gelernten Bewegungen beim Gesunden irgendwann in der frühen Lebensphase zwischen Laufenlernen mit Nutella-verschmierten Designersofas und den ersten Runden auf dem Fahrrad ohne Stützräder im Motorkortex des Gyrus praecentralis gespeichert und im Kleinhirn kontrolliert werden, übernimmt diese Funktionen zunehmend ein KI-trainierter Arbeitsspeicher des tragbaren Roboters. Was Lazarus und seine Therapeuten ebenfalls realisieren, ist eine zunehmende neuronale Aktivität der eigentlich vollständig gelähmten Muskelgruppen, was weiterhin zu einer erfolgreichen Rehabilitation beträgt.

Natürlich gibt der Roboter auch mit der besten BMI Lazarus – zumindest im Moment – weder seine Sexualfunktion noch die Funktion seines Schließmuskels zurück, aber dank immer verfeinerter Robotermaschinen mit Gedankensteuerung kann er sich tatsächlich bewegen, eines Tages vielleicht sogar wieder auf einem Mountainbike. Eines Tages werden die Träger solcher Exo-Skelette auch Teilnehmer bei den Paralympics oder gehen täglich in Büro. Hinzu kommen möglicherweise weitere therapeutische Ansätze, z. B. mittels Stammzell- und Gentherapie. Ist Lazarus dann glücklich? Vielleicht.

◨ Abb. 6.4 zeigt die mögliche Verbindung zwischen einem sensorischen BMI und zahlreichen Geräten bzw. Hilfsmitteln für gelähmte Patienten wie Lazarus. Erst kürzlich

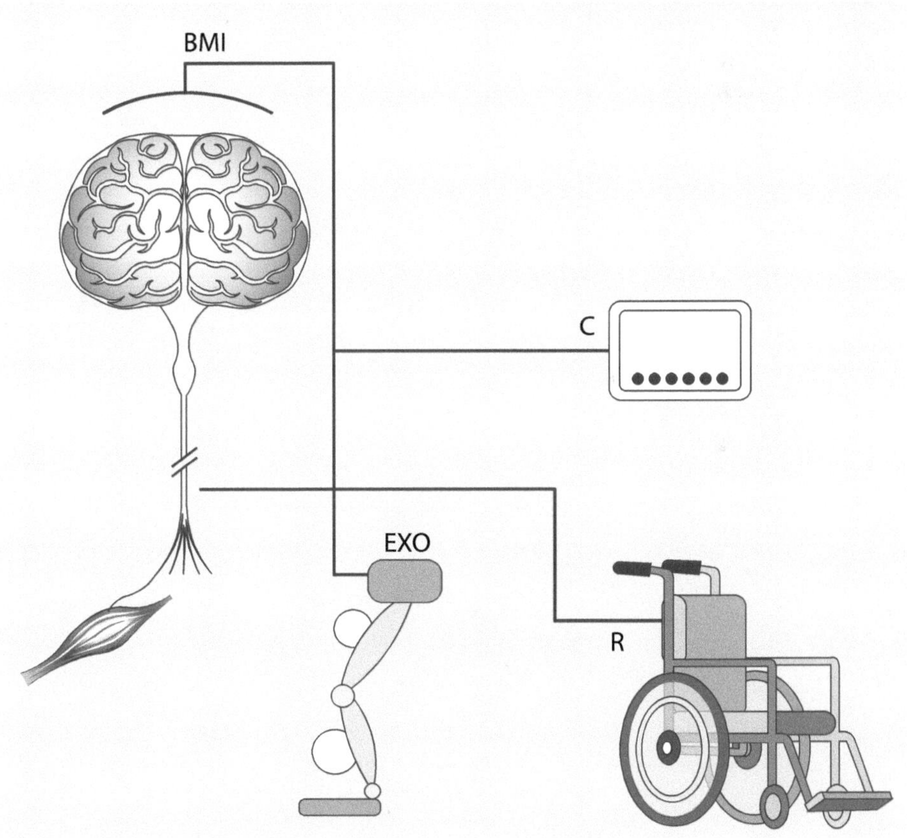

◨ **Abb. 6.4**   Schema eines „Brain-Machine-Interface" (BMI): Ableitung von Gedanken bzw. motorischen Impulsen mittels EEG und Übersetzung in einen Kommunkationscomputer [C], in eine willkürliche Stimulation von Muskeln (möglicherweise indirekt über einen spinalen Schrittmacher [S], Bewegung eines mechatronischen Exo-Skeletts [EXO] oder Steuerung einer mobilen Bewegungseinheit, z. B. eines Rollstuhls [R]

erfolgte die Implantation eines muskelaktivierenden Chips in das Rückenmark distal (also unterhalb) der Schädigung. Dieses Gerät kann einen elektrischen Impuls für die gedachte Muskelbewegung an den Muskel bzw. an die Muskelgruppe weitergeben. Solche Lösungen sind im Moment noch im Erprobungsstadium, dennoch wurde schon 2001 das erste Exo-Skelett in das Hilfsmittelverzeichnis der Krankenkassen bei Rückenmarkverletzungen aufgenommen.

6

Halbgott in Chrom und Weiß

© Springer-Verlag GmbH Deutschland, ein Teil von Springer Nature 2019
R. Huss, *Künstliche Intelligenz, Robotik und Big Data in der Medizin*,
https://doi.org/10.1007/978-3-662-58151-3_7

7.1 Der digitale Arzt der Zukunft – Ärztin, Arzt oder Algorithmus

Frau Dr. Schwarz kennt die vermeintlich guten alten Zeiten im Operationssaal nur noch vom Hören-Sagen bzw. ihrem Chef. Damals, und das ist wirklich lange her, galt in der Chirurgie noch der Satz „Großer Chirurg, großer Schnitt". Heute wird überwiegend minimal-invasiv operiert und häufig auch schon unter Zuhilfenahme eines Operationsroboters. Manchmal, wenn Frau Dr. Schwarz auf regionalen oder auch größeren Kongressen ihre eigenen Forschungsergebnisse zur „In-silico-Planung komplexer Eingriffe im kleinen Becken unter Berücksichtigung internationaler Studien der letzten 20 Jahre" vorstellt und sie dann über Suchalgorithmen, KI und „Big-Data-Datenbanken" spricht, sind die Blicke im Auditorium nicht mehr so verständnislos wie noch vor ein paar Jahren. Überhaupt verändert sich die Medizin nicht nur technologisch, sondern auch in der Organisation und Struktur. Heute sind die Hierarchien viel flacher und chirurgische Eingriffe werden im gesamten Team besprochen und geplant. Zum Team gehören neben dem Operateur und dem sonstigen Operationsteam natürlich auch die Anästhesisten, aber eben auch Kollegen von der Bioinformatik und IT-Technik, die den gemeinsam geplanten Eingriff technologisch aufbereiten und sicherstellen, dass alle Daten fehlerfrei im System vorhanden und dann auch verfügbar sind. Mit dem Aufladen des Programms erfolgen auch eine Qualitätskontrolle und zumindest ein virtueller Testlauf, damit Frau Dr. Schwarz die geplanten Tätigkeiten im OP-Cockpit auch am echten Patienten durchführen kann. Die besondere Anatomie des individuellen Patienten wurde natürlich dabei schon berücksichtigt.

Wenn Dr. Schwarz dann den eigentlichen OP betritt und mit Unterstützung des Operationsroboters den Eingriff durchführt, sind alle benötigten Informationen wie Patientendaten, Diagnostikbilder und die OP-Planung auf die Bildschirme projiziert und alles läuft wie am Schnürchen. Wie in den „guten alten Zeiten" stehen immer noch der Narkosearzt, ein Narkosepfleger, eine Instrumentierschwester, manchmal tatsächlich noch ein menschlicher (erfahrener) Operateur und ein Springer am Patienten. Die verantwortliche Leitung für die Operation hat aber weiterhin Frau Dr. Schwarz und nach dem allgemeinen Systemcheck (nicht unähnlich dem Check eines Piloten vor dem startenden Flugzeug) und dem „OK" aller Systeme und aller sonstig Beteiligten startet Frau Dr. Schwarz das Programm und betätigt den Schalter „Schnitt", der allerdings nochmals eine Verifizierung und Bestätigung verlangt.

Dies ist natürlich noch ein Szenario aus der hoffentlich näheren Zukunft. Bevor aber die Ängste besonders von Patienten zu groß werden, lassen Sie mich versichern, dass die verantwortlichen Chirurgen solche Eingriffe auch ohne Operationscomputer, virtuelle Planung mittels „augmented reality" und digitales Upload durchführen können. Denn manchmal und gerade in akuten Notfällen bleibt dafür keine Zeit.

Ziel eines digitalen OPs und entsprechend geplanter Eingriffe ist es, die Effizienz zu steigern, die Zeit für die geplante Operation zu verkürzen (und damit auch die Gefahr einer Infektion) und überhaupt die Ergebnisse des Eingriffs eventuell durch eine zunehmende Standardisierung zu verbessern. Um Patienten optimal behandeln zu können, ist jede Menge menschliche und technische Koordination gefragt. Zudem kommen sehr verschiedene Technologien zum Einsatz, wie CT oder Röntgen, Sprachnavigationssysteme, Operationsmikroskope und vielleicht eben auch Operationsroboter. Alle notwendigen Informationen sollen durch eine nahtlose Datenintegration jederzeit verfügbar sein und in Echtzeit aktualisiert werden können, ob es sich dann um verabreichte Medikamente und die Reaktion des Blutdrucks oder der Herzfrequenz darauf oder den intraoperativen Schnellschnittbefund des Pathologen handelt, der nachweist, ob das Gewebe gut- oder eben doch bösartig ist.

Nun ist die umfassende Digitalisierung eine „Conditio sine qua non" (notwendige Voraussetzung) für diese Art der Patientenversorgung in einem vernetzen Krankenhaus („Smart Hospital"). Notwendig ist dafür die Anbindung aller Beteiligten – im besten Fall vom überweisenden Hausarzt bis hin zur regionalen Universitätsklinik und dem internationalen Experten mit einer Vergleichsdatenbank in Übersee – an die notwendige Telematik-Infrastruktur. Auch das E-Health-Gesetz fordert eine digitale Infrastruktur, die dem rechtlichen und ethischen Rahmen einer digitalisierten Zukunft in der Medizin mit den erforderlichen Sicherheitsgrenzen und der Beachtung der individuellen Persönlichkeitsrechte entspricht. Dies gilt natürlich ebenso für die elektronische Gesundheitsakte, wie auch den Anwendungen von KI-basierten, Diagnose- und Therapiealgorithmen auf der Grundlage von „Big Data". Für Patienten ist es eben aus diesen oben genannten Gründen unverzichtbar, über das persönliche Smartphone oder ähnliche Devices Zugang zu ihrer persönlichen Patientenakte zu haben. Schon heute ist für uns das Online-Banking und die Kontrolle unserer Konten und täglichen Geldbewegungen Gegenstand des Alltags.

Gleichzeitig muss den Ärzten und allen Beteiligten jetzt und in der Zukunft die Angst genommen werden, dass eine Digitalisierung ihre fachliche Kompetenz trotz Google, IBM Watson (deren Lösung in der Krebsmedizin bisher übrigens nicht überzeugen konnte), Facebook oder intelligenten Apps auf dem Smartphone der Patienten ersetzen wird. Allerdings werden sich die Ausbildung zur Ärztin und zum Arzt und auch die Art der Berufsausübung, der Zugang zu aktuellem Wissen in Echtzeit und die Entscheidungen über Diagnosen und Therapie zweifellos und nachhaltig ändern. Dies beeinflusst in ganz entscheidender Weise die Kommunikation mit den Patienten durch eine gesteigerte Transparenz der Tätigkeiten im Gesundheitswesen.

◨ Abb. 7.1 zeigt das neue Umfeld des Arztes in der Kommunikation mit dem Patienten. Im besten Fall kommt es zu einer nachhaltigen Verbesserung der individuellen Arzt-Patient-Beziehung und es wird eine neue Vertrauensbasis erreicht. Dies alles geschieht vor dem Hintergrund der neuen Industrie- und Arbeitswelt und einer veränderten Freizeitgesellschaft. Dies ist sicherlich eine weitere Herausforderung für die jetzt schon schwierige Kostenstruktur im Gesundheitswesen, könnte aber auch neue Möglichkeiten eröffnen.

Ziel aller Beteiligten ist jedem Fall auch eine Effizienzsteigerung und eine folgerichtige Anpassung des Gesundheitssystems und der ärztlichen bzw. pflegerischen Praxis an die jungen Generationen mit deutlich veränderten Vorstellungen über die richtige Work-Life-Balance. Im besten Fall – und das sollte ein vorrangiges Ziel der Digitalisierung bzw. der Anwendung von KI, „Big Data" und Robotern sein – werden sich Patienten und Ärzte wieder näherkommen und mehr Qualitätszeit füreinander haben. Patienten werden Zeit haben, alle ihre Probleme, Sorgen und Ängste vorbringen zu können, während sich die Ärzte vorwiegend wieder den Patienten zuwenden können, denn aktuelles Wissen und relevante Informationen über den individuellen Fall sind in Echtzeit verfügbar.

▣ Abb. 7.1 Digitales Umfeld einer sich weiter verändernden Arzt-Patient-Beziehung, bei der die neuen Technologien – im besten Fall – geräuschlos im Hintergrund laufen. Im Mittelpunkt steht wieder vermehrt die Mensch-zu-Mensch-Kommunikation mit ausreichend persönlicher Zeit füreinander, unterstützt durch KI, „Big Data" und (Nano)Robotics. (© monkeybusinessimages/Getty Images/iStock)

Nach einer Umfrage werden in 10 Jahren mindestens 76 % der Ärztinnen und Ärzte in ihren Diagnosen und Therapieentscheidungen durch mit medizinischen Datenbanken verknüpfte Computer unterstützt (ich persönlich hoffe auf 100 %). Wie schon mehrfach in diesem Buch erwähnt, führt ein schneller Zugriff auf wachsende und validierte Datensätze, die von lernenden (KI) Maschinen gefüttert werden, zu intelligenteren und nachhaltigeren Entscheidungen, sowohl in der operativen als auch konservativen Medizin. Die Maschine bzw. der Computer wird dank KI (man sollte in der Medizin vielleicht tatsächlich statt Künstlicher Intelligenz besser den Begriff „Assistenzintelligenz" benutzen) zum Arzthelfer, sie befreit von unnötigen Routineaufgaben, eliminiert das Triviale und verringert unnütze Arbeitsabläufe.

Da die Zeit jetzt reif ist für die digitale Transformation der Medizin und des gesamten Gesundheitswesens, muss es auch eines der Ziele sein, digital versierte und patientenzugewandte Ärzte auszubilden durch die entsprechenden medizindidaktischen Maßnahmen. Es sollen keine Bioinformatiker oder Computerspezialisten sein, die in Abendkursen oder am Wochenende Anatomie studieren und operative Eingriffe erlernen und praktizieren. Im Gegenteil, der Arzt soll sich wieder auf das Wesentliche konzentrieren können, nämlich auf den empathischen Umgang mit den Hilfe suchenden Patienten, der Praxis einer genauen körperlichen Untersuchung und dem Geben von Hoffnung, was diesen Beruf eigentlich so einzigartig macht. Aller technologischer und digitaler Fortschritt, jede Form der Künstlichen Intelligenz und noch so viele humanoide Roboter sind zunehmend wichtige und unterstützende Hilfsmittel und machen schon gute Ärzte zu immer noch besseren Ärzten.

7.2 Und es spricht mit mir – Empathie und der Gewinn der Zeit

Auf der Suche nach festgelegten Tugenden in der Medizin findet man zahlreiche Schriften, deren Inhalt und Bedeutung selbst im Verlauf der letzten Jahrtausende ziemlich ähnlich geblieben sind. Ob im Eid des Griechen Hippokrates aus dem 4.

Jahrhundert v. Chr., ob in dem in Pali geschriebenen Verhaltenskodex namens Vejavatapada mit den sieben Kapiteln für buddhistische Ärzte, ob im Eid des Assaf für jüdische Ärzte (ca. 500 n. Chr.) oder in den siebzehn Regeln des Enjuin der japanischen Medizinschule aus dem 16. Jahrhundert n. Chr. – überall steht geschrieben, dass der Patient durch ärztliches Handeln in erster Linie keinen Schaden nehmen soll und dass nur bestimmte Tätigkeiten erlaubt sind. Alle Regeln und Kodices wurden immer nur leicht verändert und angepasst an den religiösen und sozialen Hintergrund der jeweiligen Gesellschaft. In der Genfer Deklaration des Weltärztebundes erstmals aus dem Jahre 1948 wurde in Anlehnung an den Eid des Hippokrates der Versuch unternommen, eine zeitgemäße und religionsunabhängige Berufsethik für den Arztberuf zu schaffen, der auch in die Berufsordnung für deutsche Ärzte aufgenommen wurde. Aber eines wurde nie und zu keinem Zeitpunkt gefordert: Zeit für den Arzt mit seinem Patienten! Nirgendwo ist festgehalten, wie viel Zeit ein Arzt für einen Patienten aufbringen soll.

Das Thema Zeit schlägt sich heutzutage eher in den Vorgaben der jeweiligen Berufsverbände nieder und in den entsprechenden Gebührentabellen. Heute wird die Zeit im Operationssaal nach Minuten berechnet, d. h. schnelle Operateure und Chirurgen, die pro Zeiteinheit mehr operieren, verdienen für sich bzw. ihren Arbeitgeber auch mehr Geld. Auch in der Pathologie wird vorgerechnet, wie lange der Facharzt für eine entsprechende Begutachtung einschließlich Berichterstellung brauchen darf. Und dabei handelt es sich meist nur um wenige Minuten pro Fall.

Gerade das Fehlen von ausreichend Zeit hat die Medizin fast unmenschlich gemacht. Die Arzt-Patient-Beziehung ist daran nahezu zerbrochen. Ärzte sind meist zu stark abgelenkt und überfordert, um sich den wirklichen Sorgen ihrer Patienten widmen zu können. Im schlimmsten Fall führt dies sogar zu Fehldiagnosen und vermeidbaren Kunstfehlern. Der amerikanische Arzt Eric Topol erläutert in seinem Buch „Deep Medicine" wie eine Künstliche Intelligenz hier helfen kann. Laut Topol kann KI das Verhalten und die Tätigkeit der Ärzte grundlegend verändern, von der Anamnese über die Diagnostik bis hin zur Behandlung und Therapie. KI schafft für den Arzt die notwendigen Freiräume, um wieder dem Patienten sorgfältig Zuhören zu können.

Auch der deutsche Philosoph David Richard Prechtl betont: „Wir brauchen vor allen Dingen mehr Zeit, anstatt immer mehr Zeug". Nun, Zeug ist da und wird auch immer mehr und intelligenter zur Verfügung stehen, aber es sollte nicht uns und unsere Zeit beherrschen, sondern die ersehnten und wichtigen Freiräume für das Menschliche und in diesem Fall die Arzt-Mensch-Interaktion schaffen. Die radikale Effizienzoptimierung sollte nicht nur zu noch mehr Optimierungsstreben genutzt werden, sondern auch zur „sinnvollen" Verwendung der so gewonnen Zeit.

Aber wie bereitwillig akzeptieren wir als Ärzte künstliches Wissen, das möglicherweise nicht von einem übergeordneten Fachkollegen oder Experten kommt? Wenn das Arztsein noch eine Kunst ist, dann sollte sie auch die Kunst des aktiven Zuhörens darstellen. Ich bemühe mich, meinen Studenten immer etwas Demut und die notwendige Sorgfalt beizubringen. Dazu gehört heutzutage neben der Berücksichtigung aller verfügbaren Datenquellen und wahrhaften Informationen auch weiterhin der Blick auf den Patienten.

Laut Thomas von Aquin (1225–1274 n. Chr.) gehört zur (ärztlichen) Klugheit auch das „Sich-etwas-sagen-lassen-können". Dies ist ein Zeichen menschlicher Größe und ärztlicher Souveränität und wurde in der Medizin lange überdeckt durch die Autorität des Chef- oder Oberarztes, der natürlich dann auch die Verantwortung für mögliche Fehler übernehmen und diese nicht auf andere abwälzen sollte (leider auch ein Phänomen, dass es auch außerhalb der Medizin immer noch gibt). Werden wir die intelligenten bzw. künstlichen Lösungen von selbstlernenden Computern leicht akzeptieren oder werden wir die Hürden für eine entsprechende Akzeptanz immer noch höher bauen? Verlangen wir immer noch mehr und andere Daten bzw. Beweise, bis wir vielleicht zufrieden sind? Natürlich wollen wir auf gar keinen Fall unsere Patienten gefährden. Im Gegenteil, wir wollen immer noch bessere und effizientere Lösungen zum Wohle aller finden. Denn ein wichtiger Teil von Klugheit ist wieder laut Thomas von Aquin, die Fähigkeit komplexe Situationen schnell zu erfassen und umgehend die richtige Entscheidung zu treffen. Das wird auch vom Arztsein verlangt und was wäre dafür in der Zukunft besser geeignet als die Hybridintelligenz aus Arzt und Maschine in einer zunehmend komplexer und schneller werdenden Welt? Der Einfluss künstlicher bzw. assistierender Intelligenz sollte bei den betroffenen Ärzten nicht zu Depressionen führen, sondern sie sollten diese Gelegenheit mit Klugheit für sich und die effektive Ausübung ihres Berufs nutzen (◘ Abb. 7.2).

In einer schon häufiger zitierten Umfrage von Bitkom Research ist die überwiegende Mehrheit der Befragten der Meinung, dass Ärzte trotz zunehmend digitaler Technologien wichtig bleiben werden. Nur 27 % glauben zurzeit, dass Ärzte in der Zukunft ersetzt werden.

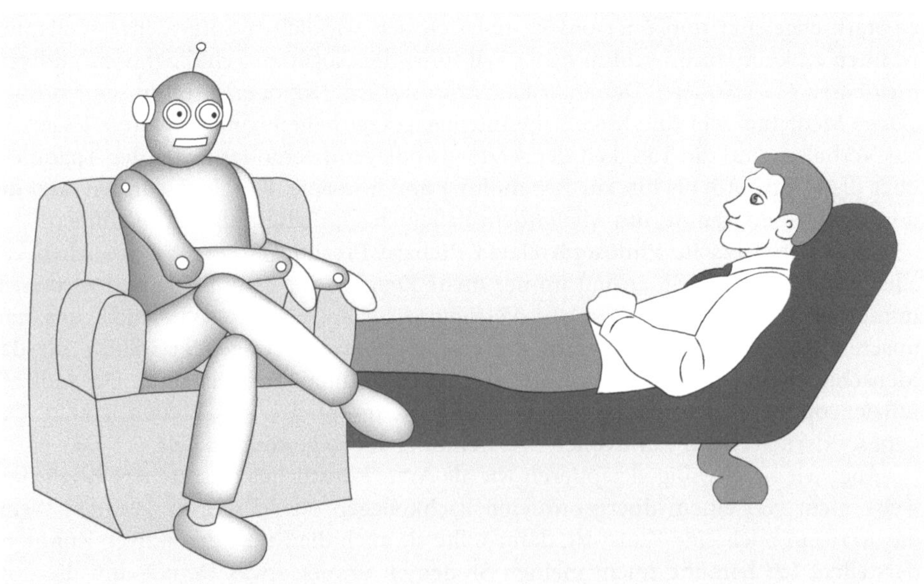

◘ **Abb. 7.2**   Ein Roboter als humanoider Psychiater ist heute sicherlich noch schwer vorstellbar. Auch im zunehmend digitalen Zeitalter und mit dem Einfluss einer KI auf Diagnose und Therapieentscheidungen ist die Willensbeeinflussung von Patienten durch Algorithmen kritisch

Gute Medizin ist und bleibt das Ergebnis guter Kommunikation und Information. Arzt und Patient müssen wieder miteinander sprechen, um dadurch besser informiert zu sein über Symptome, vorausgegangene Behandlungen und mögliche Nebenwirkungen, die persönliche Vorgeschichte oder auch (aufgrund des persönlichen genetischen Codes) die beste Therapie der Wahl. Eine Digitalisierung des Gesundheitswesens unterstützt diese Kommunikation und Information und macht das Ergebnis zweifellos noch besser. Eine Reflexion der persönlichen Haltung zueinander, d. h. im Umgang des Arztes mit dem Patienten und dessen Leiden macht vielleicht auch wieder Platz für eine verloren gegangene Empathie, worin einige das Wundermittel für ein gutes menschliches Miteinander sehen. Carolin Würfel schreibt allerdings dazu am Anfang des Jahres 2018 in „Die Zeit", dass dies ein weit verbreiteter Irrglaube sei. Denn nach ihrer Auffassung reicht ein Einfühlungsvermögen aus dem Bauch heraus nicht aus, um gegenseitige Bedenken und Zurückhaltung gegenüber dem Unbekannten und Ungewohnten und auch neuen Technologien zu überwinden. Und deshalb ist für die Akzeptanz des Neuen, und dazu gehört zweifellos auch die Anwendung von KI, „Big Data" und Roboter in der Medizin, der Verstand ebenso wichtig. Überraschenderweise sieht die Autorin gerade das Internet als Ursache für die fehlende oder nur leidlich vorhandene Empathie besonders der jüngeren Generation, der „Digital Natives" oder „Millenials", die mit einer vernetzten Gesellschaft groß werden. In dem Artikel aus der Zeit Nr. 10/2018 wird die britische Schriftstellerin Zadie Smith zitiert, dass „Empathie je nach Situation an- und ausgeschaltet werden kann".

Was bedeutet dies aber für die neue Generation an Ärzten oder auch Patienten? Können und wollen diese überhaupt einander vertrauen und miteinander kommunizieren oder bildet nur die Information die Brücke zwischen diesen manchmal ungleichen Gruppen? Laut Experten funktioniert Empathie vor allem dann, wenn sich die Gesprächsteilnehmer ähnlich sind. Und im selben Artikel fordert der kanadisch-amerikanische Psychologe Paul Bloom, dass die Empathie im Hinblick auf die Herausforderungen der Gegenwart der Vernunft (und damit dem Wissen) weichen soll, um so für die Gesellschaft, aber auch in der Medizin die richtigen Entscheidungen treffen zu können. Wenn diese Theorie stimmt, was wäre dann geeigneter als eine KI, um diese „vernünftige Haltung" zu unterstützen? Keine medizinische Entscheidung würde nur mehr intuitiv aus dem Bauch heraus getroffen, sondern wäre „rational" begründet. Die Unterstützer dieser Hypothese sehen sofort die Bedeutung für eine Effektivitätssteigerung in der medizinischen Praxis und die Möglichkeit der Kostenersparnis. Andere legen aus persönlicher Erfahrung weiterhin großen Wert auf die Intuition und das Bauchgefühl.

Dennoch bleiben uns menschliches Mitgefühl, Moral und eine gesellschaftliche Ethik auch für unseren Umgang mit den modernen Technologien. Und vielleicht hilft trotzdem dabei auch mehr Zeit zum Reden, zum gegenseitigen Verstehen und zum klugen Handeln (auch Dank KI) – gerade in der Medizin.

Die Zukunft ist heute

8.1   Mögliches und Unmögliches? – 96

8.1 Mögliches und Unmögliches?

Nuru lebt bei seiner Nomadenfamilie irgendwo in Afrika und ist hin und wieder auf der Flucht, mal vor einem Krieg, mal vor einer Dürre oder Starkregen. Er kennt es gar nicht anders, aber meist ist das nächste Krankenhaus bzw. der nächste Arzt mehr als 100 km entfernt. Seit er Kind ist, kennt er die immer wiederkehrenden Symptome seiner Erkrankung. Sein älterer Bruder ist vor vielen Jahren daran gestorben. Damals war Nuru bei einem weißen Arzt, der aber auch nicht dauerhaft helfen konnte. Aber dank eines Smartphone mit Solarzellen und einer von der WHO unterstützten App kann Nuru selbst im Nirgendwo ein „normales" Leben führen. Wenn die Symptome kommen, schickt er mithilfe der Diagnose-App Informationen zu seinem Zustand an das verantwortliche medizinische Zentrum. Nach einer kurzen Auswertung und Rücksprache mit dem Arzt, der auch seine Sprache spricht, kommt meist innerhalb von 24 h eine Drohne und bringt das benötigte Medikament.

Der Name Nuru bedeutet „Licht" auf Suaheli und mit den neuen Technologien ist jetzt endlich auch Licht in sein Leben und das Leben seiner Familie gekommen. Er ist Teil der großen Weltgemeinschaft geworden, nicht mehr vergessen und nicht mehr isoliert von den medizinischen Fortschritten in dieser Welt.

Das klingt nach medizinischer Utopie, muss es aber nicht. Denn eigentlich haben wir alle notwendigen technologischen Errungenschaften verfügbar. Der afrikanische Kontinent ist an vielen Orten besser digital vernetzt als einige Gegenden in Europa. Telemedizin und Ferndiagnostik einschließlich Datenbankabgleich sind genauso verfügbar wie die Verwendung von Drohnen für einen Medikamententransport.

Aber lassen wir mal im Moment noch die Kirche im Dorf. Das Thema dieses Buchs ist im Moment ein großer Hype. Überall in den sozialen Medien wird darüber diskutiert und über vermeintliche Erfolge berichtet. Wir alle erfahren täglich die ersten Anwendungen einer KI, meist jedoch außerhalb der Medizin.

Dennoch werden eines Tages die KI und entsprechende Folgetechnologien unser gesamtes Leben radikal verändern. KI wird die Abläufe in einem intelligentem Krankenhaus („Smart Hospital") steuern und Zu- und Abgänge von Patienten koordinieren. Eine KI wird die Diagnosefindung effektiv unterstützen und mit über die wirksame Therapie von Patienten entscheiden. Das tut KI zusammen mit Ärzten und Pflegern, Entscheidungen werden (virtuell) im Team getroffen. Für eine konstante Verbesserung von KI-basierten Lösungen werden alle Daten gespeichert und ausgewertet und so wird die Datenbank immer größer und auch thematisch umfangreicher.

Aber wo stehen wir heute? „Big Data" ist eigentlich schon Realität, nur wissen wir noch nicht so richtig, was alles darin verborgen ist und wie wir den Datenschatz am besten heben. Auch Roboter halten schon Einzug in den Operationssaal und auf der Pflegestation. Auch eine Telemedizin findet heute schon statt, und zwar nicht nur für die Diskussion von Experten über lange Distanzen oder die Bildübertragung von einem Zentrum zum anderen. So soll eine verbesserte wohnortnahe medizinische Versorgung durch das digitale Verbundnetzwerk „Telnet@NRW" regional sichergestellt werden. Auch sehr spezielle Projekte, z. B. die Nachsorge nach Nierentransplantationen, werden heute schon entsprechend digital unterstützt (ntx360grad.de).

Noch vor ein paar Jahren war es schwer vorstellbar, dass gelähmte Menschen mithilfe eines Exo-Skeletts oder neuronalen Schrittmachern nur durch den Gedanken an eine Bewegung wieder laufen können. Supercomputer wie Watson von IBM will Hilfestellung geben; therapeutische Entscheidungen in der Krebsmedizin und medizinische Fortschritte jeder Art verbreiten sich nahezu mit Lichtgeschwindigkeit milliardenfach über das Internet.

Dennoch sollten wir versuchen, einen realistischen Blick auf unsere gemeinsame Zukunft zusammen mit einem KI-unterstützten Gesundheitssystem werfen. Denn wenn unsere Erwartungen nicht in einem gewissen Zeitraum erfüllt werden, haben wir Menschen die Eigenart, nicht noch mehr Geduld aufzubringen, sondern uns irgendwann abzuwenden. Bei all den Möglichkeiten, die auch dieses Buch und andere Quellen aufzeigen, wäre es nicht hilfreich in einen KI-Winter zu geraten, denn dafür sind die Chancen einfach zu groß. Natürlich müssen nicht nur technische Hürden überwunden werden (das ist vielleicht sogar das kleinere Problem), sondern genauso auch die rechtlichen, ethischen, sozialen und gesellschaftlichen Herausforderungen.

◘ Abb. 8.1 beschreibt die Entwicklung des Menschen und seines Körpers (Human Body 4.0) als Produkt einer modernen Medizin 4.0 und den Möglichkeiten als Patient der Gegenwart bzw. besser noch der Zukunft (Patient 4.0). Durch die vielen Möglichkeiten der Nanotechnologie und Nanobots (mikrometergroße Roboter, die vom Patienten verschluckt werden und in Echtzeit Informationen aus dem Körper senden können).

Einer der Zukunftsbegriffe an der interdisziplinären Schnittstelle von molekularer Nanotechnologie und KI, zusammen mit dem möglichen Eingriff ins Genom

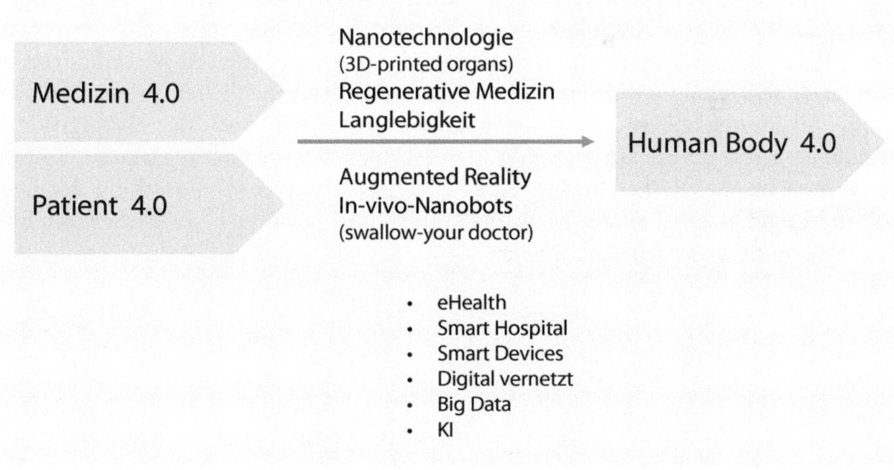

◘ **Abb. 8.1**   Prognosen über die mögliche Verwendung neuer (Nano)Technologien und Künstlicher Intelligenz bis hin zum routinemäßigen Einsatz von (Nano)Robotern in der Medizin der Zukunft. Der Mensch und sein Körper werden sich dem anpassen, zweifellos abhängig vom Alter und der persönlichen Fitness. Das Spektrum reicht von einer körpereigenen Geweberegeneration, der Transplantation von individuell angefertigten (gedruckten) Organen bis hin zum Speichern der individuellen Persönlichkeit mit allen eigenen (Er)Kenntnissen auf einer „Festplatte" mit der Hoffnung auf eine mögliche Übertragung auf einen gesunden Körper

(„Genetic Engineering") und Informationstechnologie ist „Transhumanismus". Hierin sehen manche die Chancen für eine radikale Verlängerung der menschlichen Lebenserwartung, der Ausrottung von Krankheiten, dem Ende von unnötigen Leiden und der Vergrößerung der menschlichen Intelligenz und der körperlichen Ausdauer. Es ist quasi ein „Supermensch", der dann in der Lage ist, das All zu erobern und andere Planeten zu besiedeln (angesichts der enorm wachsenden Anzahl von Menschen auf dieser Erde, dem zunehmenden Verbrauch aus heutiger Sicht nicht erneuerbarer Ressourcen und dem zurzeit sehr nachteiligen ökologischen Fußabdruck vielleicht doch keine ganz so schlechte Idee).

Transhumanisten sehen die menschliche Natur als „Work-in-Progress", quasi auf dem Weg in eine vollkommenere Zukunft ohne unnötiges Leiden, bedrohliche Krankheit und einen verfrühten, wenn nicht gar unnötigen Tod. Nach Meinung einiger Anhänger kann dies durch einen verantwortungsvollen Umgang mit der Wissenschaft und Technik gelingen. Einige gehen sogar noch weiter und wollen ihre Existenz als Mensch (?) durch das Einfrieren (Kryonik) des alternden oder gar kranken Körpers oder gar nur ihres Gehirns bis zur Lösung des Problems konservieren und so vor dem endgültigen Verfall retten (Post-Humanismus). Vielleicht erinnert Sie das auch an das Petitum einiger Sekten oder bestimmter Glaubensrichtungen.

Eine vielleicht noch radikalere Ansicht ist die Hoffnung, den menschlichen Geist und das darin enthaltene Wissen (einige mögen es auch Seele nennen) auf einer Computer-Festplatte zu speichern und so irgendwann auf einen anderen „geistlosen" Körper zu übertragen, auch in der Hoffnung die persönliche Identität so erhalten zu können (eine grusige Vorstellung à la Frankenstein, wenn Sie mich fragen).

Aber was hat das alles mit einer KI, „Big Data" und Robotern für die Medizin der Gegenwart und Zukunft zu tun? Nun, neben den Träumen von einer besseren Welt mit besseren Diagnosen, erfolgreicheren Therapien und einer guten und bezahlbaren Medizin für alle, gelingt es uns vielleicht, einige Verhaltensweisen zu verändern und zumindest schlechte Gewohnheiten als Teil einer gesundheitlichen Prävention abzulegen. Das immer höhere Altern der Menschen ist immer noch der Hauptgrund für Krankheiten mit einem körperlichen und geistigen Verfall und verursacht die meisten Kosten im Gesundheitswesen. Aber vielleicht gelingt es uns mithilfe der neuen Technologien besser zu altern, weniger zu leiden und „gesünder" zu sterben. Ich hoffe, dass wir dies noch gemeinsam erleben.

Epilog

© Springer-Verlag GmbH Deutschland, ein Teil von Springer Nature 2019
R. Huss, *Künstliche Intelligenz, Robotik und Big Data in der Medizin*,
https://doi.org/10.1007/978-3-662-58151-3_9

Es gibt keinen Weg zurück. Wir stecken schon mitten im digitalen Zeitalter, egal ob man dies nun eine Revolution nennen mag oder nicht.

Die rein technischen Neuerungen und Veränderungen, d. h. die Unterstützung des Arztes bzw. des Pflegepersonals durch KI, „Big Data" und Robotik ist aus der heutigen Sicht im Wesentlichen so lange unkritisch, wie das Verhältnis zwischen Arzt und Patient keinen Schaden nimmt. Sollte aber die zunehmende „Kultur der Digitalität" einen anderen als positiven Einfluss auf dieses Verhältnis und den Umgang miteinander bzw. auch das entsprechende Vertrauensverhältnis haben, sind ethische und moralische Handlungskodizes bis hinzu gesetzlichen Regelungen und Handlungsanweisungen wohl unerlässlich. Diese bedürfen dann stets und dauerhaft einer kritischen Analyse und Anpassung an die jeweils geltenden Rahmenbedingungen.

Das ärztliche Handeln muss die Möglichkeiten, aber auch Grenzen der digitalen Vorhersagbarkeit von diagnostischen und therapeutischen Anweisungen auf der Basis auch noch so großer Datensätze und eleganter KI-gestützter Rechensysteme stets kritisch und mit der gebotenen Skepsis, aber auch Hoffnung begegnen. Ob dies auch immer mit einer kritischen Distanz einhergehen muss, werden die Zukunft und die Erfolge der digitalen Medizin zeigen. Die Chance besteht aber zumindest, dass die Medizin der Zukunft dem Arzt und dem Patienten gemeinsame Zeit und gegenseitige Wertschätzung zurückgibt.

Die Medizin mit der Zukunft auf der Basis neuer Technologien wie Künstlicher Intelligenz, Nanotechnologie und der Unterstützung durch Roboter muss sich ebenso den soziologischen Herausforderungen der nächsten Jahrzehnte stellen. Klimawandel, Überbevölkerung, Mangelversorgung auf der einen und der Überfluss und Konsumkrankheiten auf der anderen Seite sind Gelegenheit und Chance genug, sich zu beweisen.

Das Austricksen bzw. die Umkehrung des Älterwerdens mit dem Ziel einer „Unsterblichkeit" kann dagegen wohl kaum die Lösung sein. Die Älteren von uns erinnern sich vielleicht noch an die Science-Fiction-Fernsehserie „Das Blaue Palais" aus den 1970er Jahren. In der Folge „Unsterblichkeit" wird einer Gruppe von Probanden vorgegaukelt, dass eine Injektion den natürlichen Alterungsprozess stoppt und keiner von ihnen eines natürlichen Todes mehr sterben kann. Was den Zuschauern aber vor Augen geführt wurde, ist, dass so jegliches soziale Leben, jede zwischenmenschliche Interaktionen, Teilnahme am Straßenverkehr, Genuss von „risikobehafteten" Lebensmitteln usw. zum Erliegen kommt. Normalerweise ist das menschliche Leben ein Abschätzen von Risiken und man setzt im extremsten Fall die individuelle Restlebenszeit auf Spiel. Einige suchen sogar das gesteigerte Risiko und nennen es erst dann Leben.

Unter dem Strich hoffen gutmeinende und optimistische Futuristen, dass neue Technologien, wie die KI, auch und gerade in der Medizin mehr Nutzen als Schaden anrichten und weiterhin die Menschlichkeit und das menschliche Miteinander im Mittelpunkt stehen werden.

Die Gesellschaft wird sich ändern. Die Art zu arbeiten und zu leben wird auch Konsequenzen für die Praxis der Medizin in der Zukunft haben. Vielleicht arbeiten wir nur noch wenige Stunden am Tag oder in der Woche in unserem eigentlichen Beruf und leben in der restlichen Zeit ein anderes Leben: Morgens Schäfer und nachmittags Gehirnchirurg – montags Professor an der Universität und freitags Betreuer in einem Kindergarten. So sind die sozialen und gesellschaftlichen Herausforderungen der neuen Arbeitswelt auch für die Medizin wahrscheinlich noch größer als die technologischen.

Die Herausforderungen für den Arzt von Morgen und Übermorgen sind andere als zu der Zeit meines Studiums und meiner Facharztausbildung. Allerdings ist der Wunsch des Patienten immer noch der gleiche: Er/sie will möglichst schnell gesund werden oder gesund bleiben. Dabei hilft zweifellos ein möglichst ungetrübtes Vertrauensverhältnis zwischen Arzt und Patient. Informationen helfen (früher – heute), um zu verstehen und zu akzeptieren. Das erfordert Zeit – Zeit, die die meisten Ärzte heute nicht mehr haben. Die Digitalisierung und die in diesem Buch beschriebenen Technologien können wieder Vertrauen herstellen und dafür Zeit schaffen.

Gleichzeitig bekommen vielleicht Gruppen von Menschen überhaupt erst einmal Zugang zur Medizin. Menschen in entlegenen Gebieten, Menschen auf der Flucht, Menschen in sozialer und geistiger Isolierung. Räumliche Trennung (auch durch Krieg und Mauern) ist kein Grund mehr, nicht bestens medizinisch versorgt zu werden. Der medizinische Experte muss sein Zentrum dank computer- und roboterassistierten Operationen nicht mehr verlassen und lange Reisen antreten, aber der Patient am anderen Ende der Welt kann sich trotzdem einer schwierigen Operation unterziehen.

Hoffen wir das Beste und arbeiten wir geduldig daran.

Serviceteil

Literatur

Agah A (2013) Medical applications of artificial intelligence. CRC Press, Florida

Binnig G, Huss R, Schmidt G (Hrsg) (2018) Tissue phenomics. Profiling cancer patients for treatment decisions. Pan Stanford Publishing, München

Bostrom N (2016) Superintelligenz: Szenarien einer kommenden Revolution. Suhrkamp, Berlin

Elmer A, Matusiewicz D (Hrsg) (2018) Die digitale Transformation der Pflege. Wandel. Innovation. Smart Services. Medizinisch Wissenschaftliche Verlagsgesellschaft, Berlin

Eraßme R (2012) Der Mensch und die Künstliche Intelligenz: Philosophische Argumente für den Unterschied zwischen Mensch und Maschine. AV Akademiker Verlag, Saarbrücken

Floridi L (2015) Die 4. Revolution. Wie die Infosphäre unser Leben verändert. Suhrkamp, Berlin

Harari YN (2015) Homo Deus. A brief history of tomorrow. London, Harvill Seeker

Kaplan J (2016) Artificial intelligence. What everybody needs to know. Oxford University Press, New York

Kurzweil R (2006) The singularity is near: when humans transcend biology. Penguin Books, New York

Kurzweil R (2012) How to create a mind. The secret of human thought revealed. Penguin Books, New York

Leonhard G (2017) Technology versus humanity. Unsere Zukunft zwischen Mensch und Maschine. Vahlen, München

Mainzer K (2010) Leben als Maschine? Von der Systembiologie zur Robotik und Künstlichen Intelligenz. Mentis Verlag, Paderborn

Mainzer K (2014) Die Berechnung der Welt. Von der Weltformel zu Big Data. Beck, München

Mainzer K (2016) Künstliche Intelligenz – wann übernehmen die Maschinen. Springer Verlag, Berlin

McAfee A, Brynjolfsson E (2017) Machine platform crowd. Harnessing our digital future. W.W. Norton, New York

Mesko B (2014) The guide to the future of medicine: Technology and the Human Touch. CreativeSpace, USA

Pantanowitz L, Parwani AV (Hrsg) (2017) Digital Pathology. American Society of Clinical Pathology Press, Chicago

Prechtl RD (2018) Jäger, Hirten. Kritiker. Eine Utopie für die digitale Gesellschaft. Goldmann, München

Spahn J, Müschenich M, Debatin JF (2016) App vom Arzt: Bessere Gesundheit durch digitale Medizin. Herder Verlag, Freiburg

Schmidhuber J, (Hrsg) (2011) Artificial general intelligence: 4th international conference, AGI 2011, Mountain View, CA, USA, August 3–6, 2011, proceedings (Lecture Notes in Computer Science, Bd 6830). Springer

Topol E (2013) The creative destruction of medicine: how the digital revolution with create better healthcare. Basic Books, New York

Topol E (2016) The patient will see you now: the future of medicine is in your hands. Basic Books, New York

Topol E (2019) Deep medicine: how artificial intelligence can make health care more human again. Basic Books, New York

Vinge V (1993) Das Science Fiction Jahr 2004. Heyne Verlag, München

von Lucadou J (2018) Die Hochhausspringerin. Hanser, Berlin

Wachter R (2017) The digital doctor: hope, hype and harm in medicine's computer age. McGraw Hill Book Co., New York

Stichwortverzeichnis